信息存储安全理论与应用

张青凤　张凤琴
蒋　华　张小蒙　编著

国防工业出版社

·北京·

内 容 简 介

本书以信息存储安全的角度为着眼点，围绕信息存储安全涉及到的加密技术、身份认证技术、访问控制技术、PKI技术、智能卡技术、数字签名技术、身份认证技术、信息隐藏技术、密钥管理技术、云存储技术来展开论述，为了更好地理解和应用这些相关技术，在介绍其相关基本理论的基础上，重点介绍了加密技术、身份认证技术、访问控制技术等核心技术的应用，并配备了来源于实际项目开发中的应用实例对其深入的进行讲解。

本书共分为两部分：第一部分为基础篇，共7章，主要介绍信息存储所涉及到的主要技术，第二部分为应用篇，共6章，侧重介绍源于项目开发中基于信息存储技术的应用实例。

本书的一大亮点是对当前信息安全中最前沿的云计算和云存储相关问题做了比较系统的介绍和探讨。

本书适合于信息安全相关专业学生、从事网络安全产品开发的技术人员、企事业单位网络工作人员以及信息安全领域的爱好者阅读。

图书在版编目(CIP)数据

信息存储安全理论与应用/张青凤等编著 . —北京：
国防工业出版社，2012.9
ISBN 978—7—118—08122—0

Ⅰ. ①信… Ⅱ. ①张… Ⅲ. ①信息存贮—信息安全
Ⅳ. ①TP333

中国版本图书馆 CIP 数据核字(2012)第 127228 号

※

国防工业出版社出版发行

(北京市海淀区紫竹院南路 23 号　邮政编码 100048)
北京嘉恒彩色印刷有限责任公司
新华书店经售

*

开本 710×960　1/16　印张 15　字数 263 千字
2012 年 9 月第 1 版第 1 次印刷　印数 1—3500 册　定价 45.00 元

(本书如有印装错误，我社负责调换)

国防书店：(010)88540777　　　发行邮购：(010)88540776
发行传真：(010)88540755　　　发行业务：(010)88540717

前　言

信息安全所涉及的内容主要包括信息访问安全、信息传输安全、运行系统安全和信息存储安全四个方面。人们对信息传输安全、运行系统安全的相关技术研究十分重视，比如针对传输安全而研制的保密机、专用网络、防火墙等，成功地解决了传输中的安全问题，信息的存储和访问安全作为信息安全的一个重要方面，被关注的程度远远不够，企事业科研单位的核心数据的泄密无不与存储安全相关。

从 2008 年到现在，在信息技术的带动下，国内外企业中越来越多与业务相关的信息以电子文档的形式存在，部分敏感文件更是核心竞争力的所在，企业机密数据安全保护的需求激增。根据 CSI/FBI 统计，近年各种安全漏洞造成的损失中，30％～40％是由电子文件的泄露造成的。

本书根据终端保护数据不力的现状，以信息存储安全这个角度为着眼点，围绕存储安全涉及到的加密技术、认证技术、访问控制技术的主线来展开论述，涉及到的关键技术和算法举了相应的应用实例，这些实例均源于一些实际项目的开发。涉及到军事方面项目的例子已经经过脱密处理。

本书和国内外出版的同类书比较，在研究讨论一些相关技术的理论的基础上，强化了相关技术的实践性和应用性，并对当今最前沿的热门技术——云计算和云存储的相关问题做了一些研究和分析，这是本书的一个亮点。

国内有关信息安全的书以教材居多，比较侧重于信息安全的基础教育，还有一些书籍比较关注信息传输安全、运行系统安全的相关技术。侧重于信息存储安全的不多，而且结合实际项目的例子更是少之又少。本书的编写会较好地满足关注信息存储安全的庞大用户群体的实际需求，又对目前的云安全涉及的热点问题做一定篇幅的讲解。

本书共分为基础篇和应用篇两部分，其中基础篇包括第 1 章～第 7 章，主要介绍信息存储所涉及到的主要技术；应用篇包括第 8 章～第 16 章，侧重信息存储技术的应用。

本书由张青凤、张凤琴、蒋华、张小蒙编著，其中第 1 章～第 8 章、第 10、11、13、15、16 章由张青凤编写；第 9 章由张凤琴编写；第 12 章由蒋华编写；第 14 章由张小蒙等编写。编写过程中得郝文宁、李长青的大力支持和帮助，他们为书稿的编写提供了大量的资料和素材，在此表示衷心的感谢。

由于时间仓促，加之作者水平有限，书中难免存在不妥之处，敬请读者批评指正。

编著者

2012 年 5 月

目 录

第一部分 基础篇

第二部分 应用篇

第一部分

基 础 篇

第1章　信息安全概述

随着计算机技术和网络技术的迅猛发展和日益融合，信息安全问题变得尤为突出，信息在存储、处理和交换过程中，都存在泄密或被截收、窃听、篡改和伪造的可能性。必须综合应用各种保密措施，以保证信息的安全。

本书重点介绍信息存储所涉及到的安全技术及其应用。

1.1　信息安全简介

信息安全是信息技术发展过程之中提出的课题，在信息化的大背景下被推上了历史舞台。信息安全不是最终目的，它只是服务于信息化的一种手段，针对的是信息化战略资源的安全，旨在于为信息化保驾护航。

1.1.1　信息安全的概念

信息安全是指信息网络的硬件、软件及其系统中的数据受到保护，不受偶然的或者恶意的原因而遭到破坏、更改、泄露，系统连续可靠正常地运行，信息服务不中断。

信息安全的实质就是要保护信息系统或信息网络中的信息资源免受各种类型的威胁、干扰和破坏，即保证信息的安全性。根据国际标准化组织的定义，信息安全性的含义主要是指信息的完整性、可用性、保密性和可靠性。

1.1.2　信息安全的重要性

信息作为一种资源，它的普遍性、共享性、增值性、可处理性和多效用性使得其对于人类具有特别重要的意义。信息安全是任何国家、政府、部门、行业都必须十分重视的问题，是一个不容忽视的国家安全战略，但对于不同的部门和行业来说，对信息安全的要求和重点却是有区别的。

信息是社会发展的重要战略资源，国际上围绕信息的获取、使用和控制的斗争愈演愈烈，信息安全成为维护国家安全和社会稳定的一个焦点，各国都给予极大的关注和投入。网络信息安全已成为亟待解决、影响国家大局和长远利益的重大关键问题，它不但是发挥信息革命带来的高效率、高效益的有力保证，而且是抵御信息侵略的重要屏障,信息安全保障能力是 21 世纪综合国力、经济竞争实力和生存能力的重要组成部分,是世纪之交世界各国都在奋力攀登的制高点。信息安全问题全方位地影响我国的政治、军事、经济、文化、社会生活的各个方面,如果解决不好将使国家处于信息战和高度经济金融风险的威胁之中。

信息化的迅速发展正在对国家和社会的各方面产生巨大影响,随着国家信息化的不断推进与当前电子政务的大力建设,信息已经成为最能代表综合国力的战略资源。能否有效地保护信息资源,保护信息化进程健康、有序、可持续发展,直接关乎国家安危,关乎民族兴亡,是国家、民族的头等大事。没有信息安全,就没有真正意义上的政治安全,就没有稳固的经济安全和军事安全,更没有完整意义上的国家安全。

在网络信息技术高速发展的今天,信息安全已变得至关重要,信息安全已成为信息科学的热点课题。要充分认识信息安全在网络信息时代的重要性和其具有的极其广阔的市场前景。

1.1.3 信息安全的发展过程

信息安全的发展过程可以分为三个阶段:通信保密阶段、计算机安全和信息安全阶段、信息保障阶段。

1. 通信保密阶段

信息安全的发展开始于 20 世纪 40 年代,标志是 1949 年 Shannon 发表的《保密系统的信息理论》,该理论将密码学的研究纳入了科学的轨道。所面临的主要安全威胁:搭线窃听和密码学分析。主要的防护措施是数据加密,人们主要关心通信安全,主要关心对象是军方和政府。需要解决的问题是在远程通信中拒绝非授权用户的信息访问以及确保通信的真实性,包括加密、传输保密、发射保密以及通信设备的物理安全。技术重点是通过密码技术解决通信保密问题,保证数据的机密性和完整性。

2. 计算机安全和信息安全阶段

进入 20 世纪 70 年代,转变到计算机安全阶段。标志是 1977 年美国国家标准局(NBS)公布的《国家数据加密标准》(DES)和 1985 年美国国防部(DoD)公布的《可信计算机系统评估准则》(TCSEC)。这些标准的提出意味着解决计算机信息系统保密性问题的研究和应用迈上了历史的新台阶。

该阶段最初的重点是确保计算机系统中的硬件、软件及在处理、存储、传输信息中的保密性。主要安全威胁是信息的非授权访问。主要保护措施是安全操作系统的可信计算基技术(TCB),其局限性在于仍没有超出保密性的范畴。

国际标准化组织(ISO)将"计算机安全"定义为：为数据处理系统建立的安全保护，保护计算机硬件、软件数据不因偶然和恶意的原因而遭到破坏、更改和泄露。

20世纪90年代以来，通信和计算机技术相互依存，数字化技术促进了计算机网络发展成为全天候、通全球、个人化、智能化的信息高速公路，Internet成了寻常百姓触手可及的家用技术平台，安全的需求不断地向社会的各个领域发展，人们的关注对象已经逐步从计算机转向更具本质性的信息本身，信息安全的概念随之产生。

3. 信息保障阶段

当前，对于信息系统的攻击日趋频繁，安全的概念逐渐发生了两个方面的变化：①安全不再局限于信息的保护，人们需要的是对整个信息和信息系统的保护和防御，包括了保护、检测、反应和恢复能力。②安全与应用的结合更加紧密，其相对性、动态性等特性日趋引起人们的注意，追求适度风险的信息安全成为共识，安全不再单纯以功能或机制的强度作为评判指标，而是结合了应用环境和应用需求，强调安全是一种信心的度量，使信息系统的使用者确信其预期的安全目标已获满足。

信息系统的安全保护和防御过程要求加强对信息和信息系统的保护，加强对信息安全事件和各种脆弱性的检测，提高其应急反应能力和系统恢复能力。

1.1.4　信息安全的主要特征

信息安全技术的特征有很多，它的主要特征包括保密性、完整性、可用性、可控性、抗否认性、可审计性和可鉴别性等。

1. 保密性(Confidentiality)

保密性是指保证信息不被非授权访问。对纸质文档信息，我们只需要保护好文件，不被非授权者接触即可，而对计算机及网络环境中的信息，不仅要制止非授权者对信息的阅读，也要阻止授权者将其访问的信息传递给非授权者，导致信息被泄漏。

2. 完整性(Integrity)

完整性是指维护信息的一致性，即信息在生成、传输、存储和使用过程中不应发生人为或非人为的非授权篡改。

3. 可用性(Usability)

可用性是指授权主体在需要信息时能及时得到服务的能力。可用性是在信息安全保护阶段对信息安全提出的新要求，也是在网络化空间中必须满足的一项信息安全要求。

4. 可控性(Controlability)

可控性是指保障信息资源随时可提供服务的特性。即授权用户根据需要可以随时访问所需信息。

5. 抗否认性(Non-repudiation)

抗否认性是指在网络环境中,信息交换的双方不能否认其在交换过程中发送信息或接收信息的行为。

6. 可审计性(Audiability)

信息安全的可审计性是指信息系统的行为人不能否认自己的信息处理行为。

7. 可鉴别性(Authenticity)

信息安全的可见鉴别性是指信息的接收者能对信息的发送者的身份进行判定。它也是一个与不可否认性相关的概念。

1.2 信息安全的现状

1.2.1 国内外信息安全现状

由于我国的信息化建设起步较晚,网络安全系数较低,中国信息安全现状不容乐观,网络安全形势也日趋严峻。根据 2000 年发表的《国家信息安全报告》,信息安全度分为 9 个等级,以这个等级评分标准来衡量,中国的信息安全度仅为 5.5,处于相对安全与轻度不安全之间。据调查,目前中国国内 80% 的网站存在安全隐患,20% 的网站有严重的安全问题。在众多的国内外黑客眼中,中国的网络几乎不设防。据统计,中国 95% 上网的网管中心都遭到过境内外黑客的攻击或侵入,其中银行、金融和证券机构是其攻击的重点。

1. 我国信息安全面临严峻形势

计算机软件国产化率低,一些关键硬件设备依赖进口,关键元器件、原材料面临遏制和封锁的威胁;计算机软件面临市场垄断和价格歧视的威胁;有的国外计算机硬件、软件中隐藏着"特洛伊木马"病毒,具有极大的风险性和危险性。电子媒介成为国际意识形态斗争的主导工具;新闻媒体是西方宣扬其主流意识形态的利器;当今国际信息传播的主流仍然被西方所控制,信息领域里"西强我弱"的局面短时期还难以改变;美国要控制国际传媒的意图从来没有改变过。在军事领域,泄密是信息安全问题的重要表现;单位时间内新闻媒体和军事泄密的次数触目惊心;黑客攻击对信息安全危害极大;信息战是影响军事信息安全的极端表现形式。

我国的计算机制造业中许多核心部件都是原始设备制造商的,关键部位完全处于受制于人的地位。中国的 IT 技术至今仍处于"组装式生存状态",最根本的平台——计算机的核心 CPU,中国并未掌握其技术。我国的计算机软件面临市场垄断和价格歧视的威胁。微软已垄断了我国计算机软件的基础和核心市场。离开了微软的操作系统,国产的一切软件都失去了操作平台。而且对他国提供的关键装备中可能预做的手脚无从检测和排除,可能造成既花费大量资金又买来设备在经济运行中的存在隐患,无法保证重要数据的安全。中国工程院院士、信息专家沈昌祥形象地比之为"美元买来的绞索"。由于国外硬件、软件中可能隐藏着"特洛伊木马"病毒,一旦发生重大情况,那些隐藏在芯片和操作软件中的"特洛伊木马"病毒就有可能在某种秘密指令下激活,或使民用计算机全部无法启动,或使我国航天计算机网络瘫痪,造成灾难性的后果。

2. 我国信息安全问题的具体表现

(1)随着我国网络的普及和发展,各科研生产单位对于信息化越来越重视和依赖。但由于在信息系统建立的初期,许多单位的应用系统基本防范手段不高,相应的管理制度不完善,信息系统存在着极大的信息安全风险和隐患。

(2)军工产品设计、生产、管理系统依赖国外软、硬件设备,特别是一些关键技术和产品、元器件,加之国内又对引进的信息技术和设备缺乏保护信息安全所必不可少的有效管理和技术改造,为信息安全埋下了隐患。

(3)中国目前在信息技术方面基本上完全依靠西方国家尤其是美国,信息系统的硬件和软件主要从境外特别是美国进口,自己有充分能力生产的只是一些附加配件。在相对缺乏知识和经验的情况下,甚至有花钱买淘汰技术和不成熟技术的现象。

(4)信息犯罪在我国有快速发展蔓延的趋势。一些涉密信息中包含大量军工项目管理信息和技术产品技术信息,其受关注程度高,同时外国情报机关的情报手段现代化的程度也越来越高。在传真机中,电话交换机中,他们可以运用远程诊断、远程修复功能进行信息窃取,他们拥有技术手段从泄露的电磁信号中提取信息。

(5)全社会的信息安全意识急需提高。全民信息安全意识淡薄,是当前存在的一个十分严重的问题。多数人表现为出粗心、缺乏技术知识,满足于拿来主义,缺乏安全管理意识。

据《中国计算机报》的统计,中国已经上网的所有工业企业中,有 55% 的企业没有防火墙,46.9% 的企业没有安全审计系统,67.2% 的企业没有入侵监视系统,72.3%的企业没有网站自动恢复功能。一位"黑客"如果他敲键的速度足够快的话,一天可以黑掉100个中国网站,寻找网站的安全漏洞简直成了体力活!中国网站的安全系数会如此低,主要原因在于没有信息安全意识。

另外,信息安全领域在研究开发、产业发展、人才培养、队伍建设等方面和迅速发展的形势极不适应,其与部分重大项目的投入相对比差距太大,综合水平与国外差距越来越大。

以上问题如果不能切实解决,我国的信息安全将面临严重威胁,在激烈的信息争夺和信息战中我国就会处于被动挨打的弱势地位。因此,充分重视我国的信息安全问题已迫在眉睫。

3. 国外信息安全的发展现状

信息安全问题已经成为全球性的问题,来看一看国外这方面的研究和发展现状。

1)国家政府高度重视,成立信息安全专门机构

美国是最早提出、也是最重视构建信息安全体系的国家。从1984年的《关于通信和自动化信息系统安全的国家政策》到2000年的《信息系统保护国家计划》,美国政府制定了一系列保护国家关键基础设施的政策,责成行政管理与预算局、国家安全局和国防部等三个部门主管美国的信息安全工作,并在政府、国会、国防等部门设置了相应的机构,例如,美国国家保密通信和信息系统安全委员会、国家基础设施保护中心、关键基础设施保护办公室、美国信息系统局等。俄罗斯在2000年9月9日由总统批准颁布的《俄罗斯联邦信息安全学说》中,要求"从立法上分清联邦国家权力机关与联邦主体国家机关对保障俄联邦信息安全所拥有的职权范围,明确社会团体、组织和公民在这方面的目的、任务和参与机制。"同时还明确,在信息安全方面负有主要职能的是联邦政府通信和情报署、国防部、联邦安全局和国家技术委员会。

瑞士联邦政府组织专门力量,对政府机构的系统安全状况进行普查,并责成专门成立的联邦信息战略小组负责研究网络安全问题。韩国政府于2000年2月成立以总理挂帅,国防部、法务部、情报通信部和国家情报院等参加的"防止网络犯罪长官会议",会议决定在年内出台《信息通信基础设施保护法》,成立以总理为首的"信息通信基础设施保护委员会",同年4月,信息保护中心又建立了"防止网络恐怖活动技术支援团"。

美国是信息安全方面法案最多而且较为完善的国家,包括《计算机安全法》、《信息自由法》、《个人隐私法》、《反腐败行径法》、《伪造访问设备和计算机欺骗滥用法》、《电子通信隐私法》、《计算机欺骗滥用法》、《计算机安全法》、《正当通信法》、《电信法》等。2001年美国颁布了被舆论称为最为严厉的《反黑客法》,其内

容包括反病毒、反非法闯入和反计算机诈骗等。在联邦立法的推动下,各州也开始建立有关法规。据 2000 年 2 月 14 日美国《基督教科学箴言报》报道,各州正在制定大约 2000 项与因特网有关的法案。1996 年 9 月,英国颁布了第一个网络监管行业性法规《三 R 安全规则》(三 R 分别代表分级认定、举报告发、承担责任),它旨在清除网络上的儿童色情内容和其他有害信息,明确网络提供者的职责。在该规则的基础上,2000 年 7 月又公布了《电子信息法》,授权有关当局对电子邮件及其他信息交流实行截收和解码。

俄罗斯于 1995 年颁布了《联邦信息、信息化和信息保护法》。法规强调了国家在建立信息资源和信息化中的责任是"旨在为完成俄联邦社会和经济发展的战略、战役任务,以及高效率高质量的信息保障创造条件"。法规中明确界定了信息资源开放和保密的范畴,提出了保护信息的法律责任。印度议会于 2000 年批准了《信息技术法》,从而使印度成为当今世界 12 个在计算机和互联网领域专门立法的国家之一。瑞士法律规定,黑客行为属于犯罪行为,最重可以判处 5 年有期徒刑,最高可以判罚 10 万瑞士法朗。美国法律规定,犯罪分子可处以 5 年至 10 年监禁。

2)投入大量资金,加强网络信息安全

维护信息安全工作是一项庞大的系统工程,必然对财政提出较高的要求。美国总统克林顿在 2001 年年初提交国会的 2001 年国家预算中,将用于打击网络犯罪活动、加强信息网络安全的经费由 2000 财政年度的 17.5 亿美元增加到 20.3 亿美元。此外美国政府还向研究网络信息安全的学生提供奖学金。俄罗斯在《俄联邦信息安全学说》中,将把维护国家信息安全活动拨款作为一项专门内容加以明确。

近年来,瑞士联邦政府每年用于信息安全方面的投资大约为 2000 万瑞士法朗。从 2000 年 2 月起,联邦政府决定在 3 年内拨款 2.3 亿瑞士法朗(约合 1.5 亿美元),全面调整政府机关的电子办公系统。韩国警察厅将在 2002 年前投入 370 亿韩元(约 1100 韩元合 1 美元),专门对付网络恐怖活动。

3)加强国际社会合作,共同维护信息安全

信息流通是全球范围的,因此,维护信息安全有必要加强国际合作,建立一种全球公认的保障信息流通正常进行的制度。俄罗斯早在 1998 年就在第 53 届联合国大会向裁军和国际安全问题委员会提交了一份《信息安全领域现有和潜在威胁》的议案,建议联合国重视全球性信息安全威胁,得到了通过。2001 年 11 月 23 日,欧洲委员会 43 个成员及美国、日本、南非正式签署《打击网络犯罪条约》,这是第一份关于打击网络犯罪的国际公约,目的是采取统一的国际政策应对计算机犯罪,防止针对计算机系统、数据和网络的犯罪活动。公约将制止黑客的行动,将非法窃取数据的行为列为犯罪。该公约的签署,将有助于官方机构间的相互协调,便于这些机构对计算机进行检查。

目前美国的反恐专家也正在倡议制定一项国际性的网络武器控制条约,以对付世界各国面临的日益猖獗的网络攻击和犯罪活动。2002年10月30日,众多政界要人、立法者以及国家安全顾问聚集伦敦,共同探讨全球冲突以及计算机网络安全问题。与众多计算机业界技术会议因经济低靡而不能如期举行的情形大为不同,网络安全会议始终保持着很高的上座率。一位会议组织者提出,仅仅几年以前网络安全还只是个人在谈论如何防范 PC 遭到黑客袭击,而现在,尤其是"9·11"之后,更多的是政府机构在探讨如何保障国家信息基础设施的安全。这次会议的主题还包括如何加强防范针对网络的有组织袭击以及军事团体的攻击;如何利用数字化工具阻止网络上的洗钱活动以及如何打击网上欺骗和勒索行为。

4)开放系统互联安全的体系结构

ISO 7498-2 是一个关于安全体系结构的重要标准,在 ISO 7498-2 中描述了开放系统互联安全的体系结构,这个体系结构是国际上一个非常重要的安全技术架构基础。

1.2.2 云安全技术

云安全技术是信息安全产业的热点,随着云安全应用的重要性日益凸现,针对云端服务器群组的保护技术也推陈出新。

云安全并非绝对的新技术,伴随着云计算技术的发展,云安全是逐渐发展至今并得以实用化。追溯到 2007 年底开始,全球范围内的恶意软件、攻击行为日益复杂并且变得难以防御,在"海量威胁"的压力下,传统的基于"签名"的安全防预技术受到了挑战,而这恰恰给了"云安全"技术发展的空间。

云安全最重要的技术特点在于其分布式运算的强大能力和客户端的安全配置精简化,也就是我们经常谈到的瘦客户端发展趋势。这点对于企业用户而言确实具有明显的安全性提升和降低客户端维护量的优势,云安全技术本身也提供了对未知威胁的评估和防御推送能力,因此在安全防御级别上无疑是有明显的进步。

目前云安全重要的推动力主要是威胁的多样化发展和动态性,现在的用户越来越多的感觉到单一的防御技术很难做到有效的防御,应用的多样化使得当前的攻击具备了多种途径的感染、传播和触发的方式。云安全技术是未来内容安全防护技术发展的必由之路。因为从目前的技术发展来看,这已经是一个无法回避的趋势。

云安全内在的机制是"云计算"技术,由于 Internet 接入带宽价格的不断下降和通信质量的不断提升,云安全目前的活力开始被激活,并且在 2009 年衍生为市场最新的热点。严格来看,云安全必须要为企业的数据中心、服务器群组、以及端点提供强制的安全防御支持。

1.2.3 未来信息安全技术发展四大趋势

安全体系结信息安全技术的发展主要呈现四大趋势。总的来说,现在的信息安全技术是基于网络的安全技术,这是未来信息安全技术发展的重要方向。

1. 可信化

可信化这个趋势是指从传统计算机安全理念过渡到以可信计算理念为核心的计算机安全理念。近年来计算机安全问题愈演愈烈,传统安全理念很非常难有所突破,人们试图利用可信计算的理念来解决计算机安全问题,其主要思想是在硬件平台上引入安全芯片,从而将一点或几个计算平台变为"可信"的计算平台。目前还有很非常多问题需要研究跟探索,就像如基于 TCP 的访问控制、基于 TCP 的安全操作系统、基于 TCP 的安全中间件、基于 TCP 的安全应用等。

2. 网络化

由网络应用、普及引发的技术与应用模式的变革,正在进一步推动信息安全关键技术的创新开展,并诱发新技术与应用模式的发现。就像如安全中间件,安全管理与安全监控都是网络化开展的带来的必然的开展方向;网络病毒与垃圾信息防范都是网络化带来的一些安全性问题;网络可生存性与网络信任都是要继续研究的领域。

3. 标准化

发达国家地区高度重视标准化的趋势,现在逐步渗透到发展中国家都应重视标准化问题。逐步体现专利标准化、标准专利化的观点。安全技术也要走向国际,也要走向应用。我国政府、产业界、学术界等必将更加高度重视信息安全标准的研究与制定工作的进一步深化与细化,就像如密码算法类标准(加密算法、签名算法、密码算法接口)、安全认证与授权类标准(PKI、PMI、生物认证)、安全评估类标准(安全评估准则、方法、规范)、系统与网络类安全标准(安全体系结构、安全操作系统、安全数据库、安全路由器、可信计算平台)、安全管理类标准(防信息泄漏、质量保证、机房设计)等。

4. 集成化

从单一功能信息安全技术与产品,向多种功能集成化产品发展。安全产品呈硬件化/芯片化发展趋势,这将带来更高安全度与更高运算速率,也需要开展更灵活的安全芯片实现技术,特别是密码芯片的物理防护技术。

1.3 信息安全的体系架构和安全机制

随着信息化进程的深入和互联网的快速发展,信息资源也得到最大程度的共享。随之而来的网络安全问题日渐凸出,网络安全问题已成为信息时代人类共同面临的挑战,网络信息安全问题成为当务之急,如果不很好地解决这个问题,必将阻碍信息化发展的进程。

1. 网络安全防范体系框架结构

1989 年 ISO 制定了 ISO 7498-2-1989《信息处理系统开放系统互连基本参考模型》,1995 年我国将其采用为国家标准 GB/T 9387.2-1995,ISO 7498-2 中描述的开放系统互联安全的体系结构如图 1.1 所示。

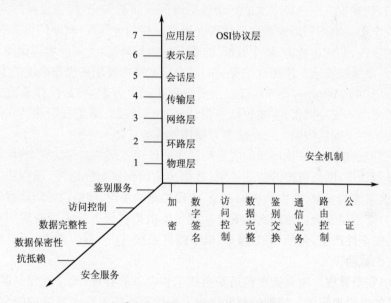

图 1.1 OIS 三维体系结构模型

网络安全防范体系的科学性、可行性是其可顺利实施的保障,ISO 7498-2是一个关于安全体系结构的重要标准,包含五类安全服务、能够对这五类安全服务提供支持的八类安全机制和普遍安全机制、需要进行的三种 OSI 安全管理方式。在这种网络安全体系结构的指导下,近年来国内外许多网络安全研究机构和生产厂商,针对 TCP/IP 协议集各层次上的安全隐患,不断推出新的安全协议、安全服务和产品。实际上我们通过各种产品实现的保护措施,大都可以在这张表上找到相应的映射。除此之外，ISO 7498-2 把这些内容映射到了 OSI 的七层模型中。这个体系结构是国际上一个非常重要的安全技术架构基础。

框架结构中的每一个系统单元都对应于某一个协议层次，需要采取若干种安全服务才能保证该系统单元的安全。网络平台需要有网络节点之间的认证、访问控制，应用平台需要有针对用户的认证、访问控制，需要保证数据传输的完整性、保密性，需要有抗抵赖和审计的功能，需要保证应用系统的可用性和可靠性。针对一个信息网络系统，如果在各个系统单元都有相应的安全措施来满足其安全需求，则我们认为该信息网络是安全的。

2. 网络安全防范体系层次

作为全方位的、整体的网络安全防范体系也是分层次的，不同层次反映了不同的安全问题，根据网络的应用现状情况和网络的结构，将安全防范体系的层次划分为物理层安全、系统层安全、网络层安全、应用层安全和安全管理。

(1)物理层安全。该层次的安全包括通信线路的安全，物理设备的安全，机房的安全等。物理层的安全主要体现在通信线路的可靠性，软硬件设备安全性，设备的备份、防灾害能力、防干扰能力，设备的运行环境，不间断电源保障等。

(2)系统层安全。该层次的安全问题来自网络内使用的操作系统的安全，如 Windows NT，Windows 2000 等。主要表现在三个方面，一是操作系统本身的缺陷带来的不安全因素，主要包括身份认证、访问控制、系统漏洞等。二是对操作系统的安全配置问题。三是病毒对操作系统的威胁。

(3)网络层安全。该层次的安全问题主要体现在网络方面的安全性，包括网络层身份认证、网络资源的访问控制、数据传输的保密与完整性、远程接入的安全、域名系统的安全、路由系统的安全、入侵检测的手段、网络设施防病毒等。

(4)应用层安全。该层次的安全问题主要由提供服务所采用的应用软件和数据的安全性产生，包括 Web 服务、电子邮件系统、DNS 等。此外，还包括病毒对系统的威胁。

(5)安全管理。安全管理包括安全技术和设备的管理、安全管理制度、部门与人员的组织规则等。管理的制度化极大程度地影响着整个网络的安全，严格的安全管理制度、明确的部门安全职责划分、合理的人员角色配置都可以在很大程度上降低其他层次的安全漏洞。

3. 信息安全的安全机制

安全机制是信息系统安全服务的基础，具有安全的安全机制，才能有可靠的安全服务。一种安全服务的实施可以使用不同的机制，单独使用或组合使用多种机制。

(1)加密机制。密码学是许多安全服务与机制的基础。加密是安全机制中最基础、最核心的机制，它是把可以理解的明文消息，通过密码算法变换成不可理解的密文的过程。

（2）访问控制机制。访问控制的目的是防止对信息系统资源的非授权访问和非授权使用信息系统资源。从整体上维护系统的安全，访问控制应遵循最小特权原则，即用户和代表用户的进程只应拥有完成其职责的最小的访问权限的集合，系统不应给用户超过执行任务所需特权以外的特权。

（3）完整性机制。完整性机制通过两类密码学提供完整性：基于对称密码技术的完整性机制和基于非对称密码技术的完整性机制。前者是对隐藏数据的相同密钥的隐藏，获得数据的完整性保护机制相当于密封；后者是对私钥的隐藏，获得数据完整性保护机制相当于数字签名。

（4）鉴别机制。鉴别机制通过在一个或多个预先达成共识的上下文条件下，存储或传送数据的机制得到支持。

（5）带附录的数字签名机制。数字签名是在数据单元上附加数据，或对数据单元进行的密码变换。通过这一附加数据或密码变换，使数据单元的接收者证实数据单元的来源及其完整性，同时对数据进行保护。数字签名机制基于非对称密码技术，用来提供实体鉴别、数据源发鉴别、数据完整性和抗抵赖等服务。

（6）抗抵赖机制。抗抵赖机制使用 TTP 安全令牌的抗抵赖技术、使用安全令牌和防篡改模块的抗抵赖技术、使用数字签名的抗抵赖技术、使用时间戳的抗抵赖技术、使用在线可信第三方的抗抵赖技术、使用公证的抗抵赖技术。

（7）安全审计和报警机制。安全审计是对系统记录和活动的独立评估、考核、以测试系统控制是否充分，确保与既定策略和操作规程相一致，有助于对入侵进行评估，指出控制、策略和程序的变化。安全审计需要安全审计跟踪中与安全有关的记录信息，和从安全审计跟踪中得到的分析和报告信息。日志被视为一种安全机制，而分析和报告生成被视为一种安全管理功能。通过指明所记录的与安全有关的事件的类别，安全审计跟踪信息的收集可以适应各种需要。安全审计跟踪的存在对潜在的安全攻击源的攻击可以起到威慑作用。

（8）公证机制和普遍安全机制。普遍安全机制包括可信机制、安全标记、事件检测机制、安全恢复机制、路由选择机制。

1.4 常见的网络信息安全技术

网络信息安全技术是信息安全的最有力的保障，常用的安全技术汇总起来有以下几种：

（1）加解密技术。加解密技术是在在传输过程或存储过程中进行信息数据的加解密,采用何种加密算法则要结合具体应用环境和系统,而不能简单地根据其加密强度来作出判断。因为除了加密算法本身之外,密钥合理分配、加密效率与现有系统的结合性,以及投入产出分析都应在实际环境中具体考虑。

(2)身份认证技术。身份认证技术是用来确定用户或者设备身份的合法性,典型的手段有用户名口令、身份识别、PKI证书和生物认证等。

(3)边界防护技术。边界防护技术是防止外部网络用户以非法手段进入内部网络,访问内部资源,保护内部网络操作环境的特殊网络互连设备,典型的设备有防火墙和入侵检测设备。

(4)访问控制技术。访问控制是网络安全防范和保护的主要核心策略,规定了主体对客体访问的限制,并在身份识别的基础上,根据身份对提出资源访问的请求加以权限控制。访问控制技术保证了网络资源不被非法使用和访问。

(5)主机加固技术。操作系统或者数据库的实现会不可避免地出现某些漏洞,从而使信息网络系统遭受严重的威胁。主机加固技术对操作系统、数据库等进行漏洞加固和保护,提高系统的抗攻击能力。

(6)安全审计技术。安全审计技术包含日志审计和行为审计,通过日志审计协助管理员在受到攻击后察看网络日志,从而评估网络配置的合理性、安全策略的有效性,追溯分析安全攻击轨迹,并能为实时防御提供手段。通过对员工或用户的网络行为审计,确认行为的合规性,确保管理安全。

(7)检测监控技术。检测监控技术对信息网络中的流量或应用内容进行二至七层的检测并适度监管和控制,避免网络流量的滥用、垃圾信息和有害信息的传播。

为了进一步增强信息的安全性,通常不仅使用单一的技术,而是把几种安全技术有机结合在一起使用。

1.5 信息存储安全

电子文档作为信息存储的主要方式,多以明文方式存储在计算机硬盘中,分发出去的文档无法控制,极大的增加了管理的复杂程度。

1.5.1 影响信息存储安全的主要因素

影响文档安全的因素很多,既有自然因素,也有人为因素,其中人为因素危害较大,按照对电子信息的使用密级程度和传播方式的不同,归结起来为如下几方面:

(1)电磁波辐射泄漏泄密。这类泄密风险主要针对国家重要机构、重要科研机构或其他保密级别非常高的企、事业单位或政府、军工、科研场所等，由于这些机构具备非常严密的硬保密措施，只需要通过健全的管理制度和物理屏蔽手段就能实现有效的信息保护。

（2）网络化造成的泄密。网络化造成的泄密成为了目前企业重点关注的问题，常用的防护手段为严格的管理制度加访问控制技术，特殊的环境中采用网络信息加密技术来实现对信息的保护。访问控制技术能一定程度的控制信息的使用和传播范围，但是，当控制的安全性和业务的高效性发生冲突时，信息明文存放的安全隐患就会暴露出来，泄密在所难免。

（3）存储介质泄密。便携机器、存储介质的丢失、报废、维修、遭窃等常见的事件，同样会给企业带来极大的损失，在监管力量无法到达的场合，泄密无法避免。

（4）内部工作人员泄密。目前由于内部人员行为所导致的泄密事故占总泄密事故的 70％以上，是各企业普遍关注的问题，通过管理制度规范、访问控制约束再加上一定的审计手段威慑等防护措施，能很大程度的降低内部泄密风险，但是这种防护手段依然存在很大的缺陷，终端信息一旦脱离企业内部环境，泄密依然存在。

（5）外部窃密。国家机密、军事机密往往被国外间谍觊觎，商业机密具备巨大的商业价值，往往被竞争对手关注。自古以来对机密信息的保护，都不可避免以防止竞争对手窃密作为首要目标。

1.5.2 实现信息安全存储的方式

目前信息安全存储以动态加解密技术为核心，分为文档级动态加解密和磁盘级动态加解密两种方式。

（1）文档级动态加解密技术。在不同的操作系中，应用程序在访问存储设备数据时，一般都通过操作系统提供的 API 调用文件系统，然后文件系统通过存储介质的驱动程序访问具体的存储介质。在数据从存储介质到应用程序所经过的每个路径中，均可对访问的数据实施加密或解密操作。如 Windows 系统中的 NTFS 文件系统，其本身就提供了 EFS（Encryption File System）支持。由于文件系统提供的动态加密技术难以满足用户的个性化需求，第三方的动态加解密产品可以看作是文件系统的一个功能扩展，能够根据需要进行挂接或卸载，从而满足用户的各种需求。

（2）磁盘级动态加解密技术。对于信息安全要求比较高的用户来说，基于磁盘级的动态加解密技术才能满足要求。在系统启动时，动态加解密系统实时解密硬盘的数据，系统读取数据时，就直接在内存中解密数据，然后将解密后的数据提交给操作系统即可，对系统性能的影响仅与采用的加解密算法的速度有关，对系统性能的影响也非常有限，这类产品对系统性能总体的影响一般不超过 10％。

1.5.3　信息安全存储的方案

在信息的安全存储根据不同的存储载体从不同角度来保证安全采取不同的技术措施。

(1)移动存储设备。常用的移动存储设备是 U 盘和移动硬盘。针对这两种移动存储设备,目前通常采用的是磁盘分区加密技术,对磁盘分区进行加密控制,所有从内部网络流转到移动存储设备的文档和数据都会自动加密保护。市面上有成熟的产品如安全 U 盘和安全移动硬盘可以选择。

(2)数据库。数据库加密保护技术是通过磁盘全盘加密技术和端口防护技术,对数据库的载体进行全盘加密并对数据流转途径进行控制,从而实现数据库加密保护。这种方式还能解决数据库加密方案中无法对数据库管理员进行管控的问题。市场上成熟的产品有北京亿赛通公司的数据库加密防护系统。

(3)笔记本电脑。笔记本电脑在被遗失、被盗取、故障送修时,硬盘上的数据就完全裸露在维修人员面前。针对笔记本电脑数据保护,国际上通用的防护手段就是磁盘全盘加密技术。

硬盘生产厂商例如希捷、西部数据和富士通等都支持全盘加密技术,将全盘加密技术直接集成到硬盘的相关芯片当中,并且与可信计算机组(TCG)发布的加密标准相兼容。在软件系统方面,赛门铁克推出的 Endpoint Encryption 6.0 全盘版,以及 McAfee 的 Total Protection for Data、PGP 全盘加密和北京亿赛通公司的 DiskSec,都是不错的选择。

(4)云存储。大规模高性能存储系统安全需求,特别是云存储应用中,可扩展和高性能的存储安全技术,是推动网络环境下的存储应用最根本的保证,已经成为当前网络存储领域的研究热点。云存储应用中的存储安全包括认证服务、数据加密存储、安全管理、安全日志和审计。对用户来说,在这四类存储安全服务中,存储加密服务尤为重要,它是保证用户私有数据在共享存储平台的机密性核心技术。

随着存储系统和存储设备越来越网络化,存储系统在保证敏感数据机密性的同时,必须提供相应的加密数据共享技术。保护用户隐私性要求存储安全建立在对存储系统的信任基础之上,必须研究适用于网络存储系统的加密存储技术,提供端到端加密存储技术及密钥长期存储和共享机制,以确保用户数据的机密性和隐私性,提高密钥存储的安全性、分发的高效性及加密策略的灵活性。在海量的加密信息存储中,加密检索是实现信息共享的主要手段,是加密存储中必须解决的问题之一。

第 2 章　密码学基础

经典的密码学是关于加密和解密的理论,主要用于通信保密。如今密码学已经得到更加深入广泛的发展,其内容已不再是单一的加解密技术,已被有效、系统地用于数据的保密性、完整性、真实性和不可否认性等各个方面。

2.1　密码学概述

密码技术是信息安全的核心和关键技术,通过数据加密技术,可以在一定程度上提高数据传输的安全性,保证传输数据的完整性。

密码学主要包括经典密码学和近代密码学。经典密码最早由古埃及人发明,用以保密传递的消息,主要有单表置换密码、凯撒密码、多表置换密码,Vigenere 密码等;近代密码是以 DES 算法作为数据加密标准,70 年代 Diffie Hellman 的开创性工作就是对于公钥体制的提出。

密码学的主要内容包括数据加密、密码分析、数字签名、信息鉴别、零泄密认证、秘密共享等。进行信息攻击的主要方式有主动进攻、被动进攻和无意攻击,主动攻击主要是指对数据的恶意删除、篡改等,而被动攻击是指从信道上截取、偷窃、拷贝信息,无意攻击是指错误操作、机器故障等。

密码技术的主要应用于电子数据领域、军事领域、经济领域,旨在保障数据的保密性、真实性和完整性。

2.2　密码学基本概念

2.2.1　现代密码系统的组成

现代密码系统通常简称为密码体制,一般由五个部分组成:明文空间 M;密文空间 C;密钥空间 K;加密算法 E;解密算法 D。则五元组(M,C,K,E,D)称为一个密码体制。密码体制的结构如图 2.1 所示。

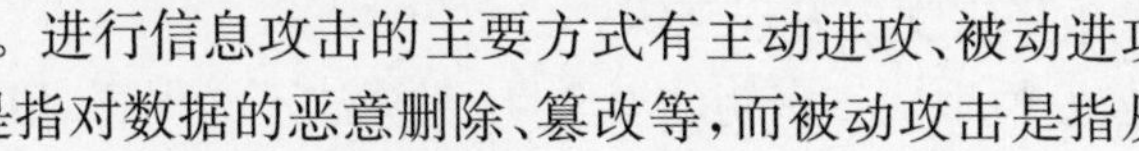

图 2.1　密码体制的结构

2.2.2 密码体制

密码体制主要分为:对称密钥体制和非对称密钥体制。

1. 对称密钥体制

经典的密码体制中,加密密钥与解密密钥是相同的,或者二者可以简单相互推导,换句话说就是知道了加密密钥,也就知道了解密密钥;知道了解密密钥,也就知道了加密密钥。所以,加密密钥和解密密钥必须同时保密,这种密码体制称为对称(也称单钥)密码体制。

一个安全的对称密钥密码系统,可以达到下列功能:保护信息机密、认证发送方的身份和确保信息完整性。通常用来加密大量的数据。对称密码体制如图 2.2所示。

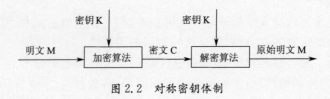

图 2.2 对称密钥体制

(1)对称加密安全性的取决因素

● 加密算法必须足够强大,使得即使拥有一定数量的密文和产生这些密文的明文,也不能破译密文或发现密钥。

● 加密的安全性取决于密钥的安全性,对算法不必保密,但要对密钥保密。

(2)对称密钥加密体制的特点

对称密钥加密体制具有加解密速度快、密钥容易生成、安全强度较高等优点,适合于对大数据量进行加密,但密钥管理困难。对称加密过程信息的发送方和接收方用同一个密钥去加密和解密数据。如果进行通信的双方能够确保专用密钥在密钥交换阶段未曾泄露,那么机密性和报文完整性就可以通过这种加密方法加密机密信息、随报文一起发送报文摘要或报文散列值来实现。

对称加密的特点使它得到了广泛的应用,算法不需要保密的事实意味着制造商能够开发出实现数据加密算法的低成本芯片。

(3)对称密钥加密体制的缺点

对称密钥密码系统的缺点包括收发双方获得其加密密钥及解密密钥难度大,密钥的数目太大,无法达到不可否认服务三个方面。根据密码算法对明文信息的加密方式,对称密码体制常分为分组密码和序列密码。

(4)对称密钥加密体制的加密标准

最典型的是 DES 数据加密标准,应该说数据加密标准 DES 是单钥体制的最成功的例子。

● 1973.5.15:美国国家标准局(NSA)公开征求密码算法;

● 1975.3.17:DES 首次在《联邦记事》公开,它由 IBM 公司提出的 LUCIFER 算法改进而来;

● 1977.2.15:DES 被采用作为非国家机关使用的数据加密标准,此后,大约每五年对 DES 进行依次审查,1992 年是最后一次审查,美国政府已声明,1998 年后对 DES 不再进行审查;

● 1977.2.15:《联邦信息处理》标准版 46(FIPS PUB46)给出了 DES 的完整描述。

2. 非对称密钥体制

鉴于对称密钥体制的缺点,现代密码学修正了密钥的对称性,1976 年,Diffie,Hellmann 提出了公开密钥密码体制,它的加密、解密密钥是不同的,不能在有效的时间内相互推导,所以又称为双钥密码体制。公钥体制的产生是密码学革命性的发展,一方面它为数据的保密性、完整性、真实性提供了有效方便的技术,另一方面,科学地解决了密码技术的瓶颈——密钥的分配问题。非对称密码体制如图 2.3 所示。

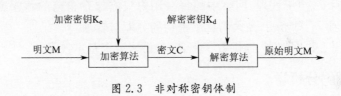

图 2.3　非对称密钥体制

安全的公钥密码体制具有以下特征:根据公钥推导出私钥在计算上是不可行的,通常用来加密关键性的、核心的机密数据;公钥密码技术可以简化密钥的管理,并且可以通过公开系统服务来分配密钥;加密密钥是公开的,而解密密钥则需要保密。

第一个公钥体制是 1977 年由 Rivest、Shamir、Adleman 提出的,称为 RSA 公钥体制,其安全性是基于整数因子分解的困难性。RSA 公钥体制已得到了广泛的应用。其后,诸如基于背包问题的 Merkle-Hellman 背包公钥体制,基于有限域上离散对数问题的 EIGamal 公钥体制,基于椭圆曲线的密码体制等等公钥体制不断出现,使密码学得到了蓬勃的发展,一个安全的公开密钥密码可以包含下列功能:

（1）简化密钥分配及管理问题

公钥体制用于数据加密时，用户将自己的公开（加密）密钥登记在一个公开密钥库或实时公开，秘密密钥则被严格保密。信源为了向信宿发送信息，去公开密钥库查找对方的公开密钥，或临时向对方索取公钥，将要发送的信息用这个公钥加密后在公开信道上发送给对方，对方收到信息（密文）后，则用自己的秘密（解密）密钥解密密文，从而读取信息。可见公钥体制省去了从秘密信道传递密钥的过程，这是它最大的一个优点。

（2）保护信息机密

任何人均可将明文加密成密文，此后只有拥有解密密钥的人才能解密。

（3）实现不可否认功能

公钥体制用于数字签名时，信源为了他人能够验证自己发送的消息确实来自本人，他将自己的秘密（解密）密钥公布，而将公开（加密）密钥严格保密。与别人通信时，则用自己的加密密钥对消息加密——称为签名，将原消息与签名后的消息一起发送。对方收到消息后，为了确定信源的真实性，用对方的解密密钥解密签名消息——称为（签名）验证，如果解密后的消息与原消息一致，则说明信源是真实的，可以接受，否则拒绝接受。

公钥体制的优点包括：

（1）不需要秘密的通道和复杂的协议传送密钥，保证了秘密密钥的安全性。

（2）密钥少，便于管理，网络中的每一用户只需保存自己的解密密钥，N 个用户仅需产生 N 对密钥，大大简化了密钥的分配与管理。

（3）可用于数据加密、提供数字签名、身份认证等基本技术。

2.2.3　密码分析学

密码分析学是密码学的另外一个分支，主要研究密码破译问题，常用的方法有穷举攻击、统计分析攻击、数学分析攻击、差分分析法等。

穷举攻击：又称作蛮力攻击，是指密码分析者用试遍所有密钥的方法来破译密码。它是对可能的密钥或明文的穷举。

统计分析攻击：密码分析者通过分析密文和明文的统计规律来破译密码。

数学分析攻击：密码分析者针对加密算法的数学依据，通过数学求解的方法来破译密码。

差分分析法：除去穷举搜索密钥外，还有其他形式的攻击方法，最著名的有Biham,Shamir 的差分分析法。这是一个选择明文攻击方法。如果迭代的轮数降低，则它可被攻破。例如，8 轮 DES 在一台个人计算机上只需要 2 分钟即可被成功地攻破。

密码算法的安全性从理论上讲,除一文一密外,没有绝对安全的密码体制,通常称一个密码体制是安全的是指密码分析者为了破译密码,穷尽其时间、存储资源仍不可得,或破译所耗资材已超出因破译而获得的利益。

2.3 加密算法

加密算法主要分为两大类:对称加密算法和非对称加密算法。

2.3.1 对称加密算法

对称密码算法也称为单密钥密码算法。在对称密码算法中,加密密钥和解密密钥是相同的,通常用来加密大量的数据。

1. 对称加密算法安全性的决定因素

(1)加密算法必须足够强大,使得即使拥有一定数量的密文和产生这些密文的明文,也不能破译密文或发现密钥。

(2)加密的安全性取决于密钥的安全性,不必对算法保密,但要对密钥保密。

对称密钥加密体制具有加解密速度快,密钥容易生成,安全强度较高等优点,加解密速度远高于非对称加密算法,并且其加密得到的密文是紧凑的。

2. 对称密钥算法存在的主要问题

(1)密钥管理和分配问题。

对于一个有 n 个用户的网络,要实现两两加密互通而其他人又不能窃听,就需要有 $n(n-1)/2$ 个密钥才能满足需求。密码的数量随 n 的增加迅速变大,当 n 较大时,密钥的产生、存储、分发都是极端困难的事情。算法的安全性完全依赖于密钥,一般使用密文信道以外的秘密途径来发放密钥。

(2)认证问题。

对称密钥算法不能证实信息来源的真实性,不能验证用户身份。参与通信时容易受到中途拦截窃听的攻击。对称密钥算法的密钥一旦泄露就会导致泄密,不适合直接应用在大范围的网络上,一般会配合非对称加密算法一起运作,结合两种算法的长处,来对数据执行信息安全的保护。由于对称加密算法中密钥的个数大约是以参与者数目平方的速度增长,因此很难将它的使用范围扩大。

对称加密的特点使它得到了广泛的应用。算法不需要保密的事实意味着制造商能够开发出实现数据加密算法的低成本芯片。目前常用的对称加密算法有DES、3DES、RC5、IDEA、AES、RC4、Blowfish 等。

2.3.2　非对称加密算法

非对称加密算法又称为公开密钥密码算法,它的加密密钥(公钥)是公开的,解密密钥(私钥)则不能公开。目前流行的公钥密码体制有 RSA、Rabin、EIGama IDSA 等,其中 RSA 是目前应用最广泛的公开密钥算法。

公钥密码算法的缺点是是算法复杂、运算量大、加解密速度慢,公钥加密系统是基于尖端的数学难题,计算复杂但安全性高。

例如 RSA 算法涉及到大数的高次幂运算,计算量很大。RSA 算法通常要比对称密码算法速度慢,如比 DES 或 IDEA 至少慢 10 倍左右,因而公钥密码算法不适合用于加密数据量大的文件。

在实际应用中,人们通常是把对称密码算法和公钥密码算法结合在一起使用的,用对称密码算法加密数据文件,而用公钥密码算法来传送对称密码算法时用的密钥。这样就既能利用对称密码算法的加密速度,又有效地解决了密钥的分发问题。

2.3.3　加密算法的分析比较

加密算法的选取直接影响到信息的安全程度,从上面的分析可以看出两类算法的优缺点,下面对常用的算法作出分析比较。

最著名的对称密钥加密算法 DES 于 1976 年 11 月被美国政府采用,随后被美国国家标准局和美国国家标准协会承认。DES 的优点是运算量较小,软硬件实现起来都很方便,但加密的密钥量较小,容易被破译。1977 年,估计要耗资两千万美元才能建成一个专门用于 DES 解密的计算机,需要 12 个小时才能破解,当时 DES 被认为是一种十分强大的加密方法。1993 年在世界密码学大会上加拿大北方电信公司贝尔研究所的 Michael Wienner 提出用 100 万美元的芯片构造的机器,平均在 3.5 小时内就能破译密码,用花费 1 亿美元的机器能在 2 分钟内完成,这使它的安全性受到严重威胁。

针对 DES 密钥长度短的问题,出现了三重 DES 和 IDEA 等。IDEA 是近年来分组密码算法中的佼佼者,由中国学者朱学嘉博士与著名密码学家 James Massey 于 1990 年提出的,且于当年正式公布并在以后得到增强。被认为是目前世界上最好最安全的分组密码算法,且对计算机功能要求不高。IDEA 的密钥长度是 128 位,相对较长,加密强度高,在穷举攻击的情况下,IDEA 将需要经过 2^{128} 次加密才能恢复出密钥,假设芯片每秒能检测 10 亿个密钥,需要 10^{13} 年,它循环 4 次即可抵制差分密码分析,并且它对 IDEA 算法不起作用,随机选择密钥基本没有危险,故其安全性较高;算法的基础是 16 位运算,实现速度和 DES 一样快。在 386/33 机上的加密速度为 880kbit/s,在 VAX9000 上速度是前者的

4倍,可见加解密运算速度非常快,而且软件和硬件容易实现。

RSA 是较成熟的一种公开密钥算法,它利用数论中的质数分解问题来实现信息的保密。RSA 算法加解密过程运算量大、速度很慢,较对称密码体制算法慢几个数量级,最快的 RSA 算法也比 DES 慢 100 倍以上。一般只用于对少量数据进行加密,非常适于电子邮件系统,它的最大优点是密钥分配方便。

RSA 的直接应用就是进行保密通信。当在不可靠的通信环境中进行保密通信时,发送和接收方将信息进行 RSA 变换,实现信息的安全传输。通信前先将自己的公开密钥传输给对方,让对方用这个密钥进行解密变换。RSA 的另一个重要应用就是数字签名。

常用的非对称加密算法的性能比较如表 2.1 所列。

表 2.1　常见的非对称密码算法性能比较表

算法名称	运算速度	安　全　性	适　用　场　合
RSA	很慢	安全性好但产生密钥麻烦	只适于少量数据加密
ElGamal	较慢	安全性好	适于加密密钥或签名
Rabin	最快	在选择明文攻击下不安全	可用于数字签名系统
DSA	慢于 RSA	与 RSA 相近	可用于数字签名、认证系统

常用的对称密码算法在运算速度、安全性,适应场合的比较如表 2.2 所列。

表 2.2　常见的对称密码算法性能比较表

名称	实现方式	运算速度	安　全　性	应　用　场　合
DES	40bit～56bit 密钥	一般	安全依赖密钥,易受攻击	适于硬件实现
IDEA	128bit 密钥 8 轮迭代	较快	军事级,安全性好	适于软硬件实现
Blowfish	256bit～448bit 密钥 16 轮迭代	最快	军事级,通过改变密钥长度调整安全性	适于固定密钥,不适于可变密钥和智能卡
RC4	密钥长度可变	比 DES 快 10 倍	对差分攻击和线性攻击有免疫力	算法简单,适于软件实现
RC5	密钥长度、迭代轮数可变	与参数的选择有关	可调节字长、密钥长度、迭代轮数;兼顾安全性和处理速度	适于不同字长的微处理器

实际应用中多采用混合加密系统,对称加密密钥用来加密数据,公开密钥用来加密"加密数据"的密钥,较好地解决了运算速度、密钥分配管理等问题。

如果系统在实际应用中对加密速度的要求是侧重点,那么在选择加密算法时,排除公开密钥加密算法。影响对称密码算法的加密速度和强度的因素是密钥长度和算法的运行速度,综合其安全性和算法运算速度,本书应用篇中的基于数码锁的文件加密系统,根据需要选择对称密钥算法中的 IDEA 算法实现加解密操作。

IDEA 基于可靠的基础理论,软件实现的 IDEA 比 DES 快两倍。密码分折者能对轮数减少的变型算法进行一些分析工作,目前该算法依然是安全的。

2.4 Hash 函 数

Hash 函数是一类重要的函数,可用于计算数字签名和消息鉴别码,达到防抵赖、身份识别和消息鉴别的目的。

2.4.1 Hash 函数概述

1. Hash 函数定义

Hash 函数是为了实现数字签名或计算数字签名和消息鉴别码而设计的。Hash 函数以任意长度的消息作为输入,输出一个固定长度的二进制值,称为 Hash 值、杂凑值、消息摘要。换言之,对于任何消息 x,将 $h(x)$ 称为 x 的 Hash 值、杂凑值、消息摘要。

一个安全的杂凑函数应该至少满足以下几个条件:

(1)输入长度是任意的;

(2)输出长度是固定的,根据目前的计算技术应至少取 128bits 长,以便抵抗生日攻击;

(3)对每一个给定的输入,计算输出即杂凑值是很容易的;

(4)给定杂凑函数的描述,找到两个不同的输入消息杂凑到同一个值是计算上不可行的,或给定杂凑函数的描述和一个随机选择的消息,找到另一个与该消息不同的消息使得它们杂凑到同一个值是计算上不可行的。

2. Hash 函数的分类

(1)单向 Hash 函数

给定一个 Hash 值 y,如果寻找一个消息 x,使得 $y=h(x)$ 在计算上不可行的,则称 h 是单向 Hash 函数。

(2)弱抗碰撞 Hash 函数

任给一个消息 x,如果寻找另一个不同的消息 x',使得 $h(x)=h(x')$ 是计算上不可行的,则称 h 是弱抗碰撞 Hash 函数。

(3)强抗碰撞 Hash 函数

如果寻找两个不同的消息 x 和 x'，使得 $h(x)=h(x')$ 是计算上不可行的，则称 h 是强抗碰撞 Hash 函数。

2.4.2 MD5 函数

1990 年 10 月，著名密码学家 R. L. Rivest 在 MIT(Massachusetts Institute of Technology)提出了一种 Hash 函数，作为 RFC 1320 公开发表，称为 MD4。MD5 是 MD4 的改进版本，于 1992 年 4 月作为 RFC 1321 公开发表。

1. MD5 函数的特性

①采用不依赖任何密码系统和假设条件直接构造法；②算法简洁；③计算速度快；④特别适合 32 位计算机软件实现；⑤倾向于使用低端结构。

2. MD5 算法的优点

MD5 算法的输入可以是任意长度的消息 x，对输入消息按 512 位的分组为单位进行处理，输出 128 位的杂凑值 MD(x)。

3. MD5 的安全性

Rivest 猜测，MD5 可能是 128 位 Hash 函数中强度最大的。目前对 MD5 的攻击已取得以下结果：

（1）T. Berson(1992)已经证明，对单轮的 MD5 算法，利用差分密码分析，可以在合理的时间内找出杂凑值相同的两条消息。这一结果对 MD5 四轮运算的每一轮都成立，但目前尚不能将这种攻击推广到具有四轮运算的 MD5 上。

（2）B. Boer 和 A. Bosselaers(1993)说明了如何找到消息分组和 MD5 两个不同的初始值，使它们产生相同的输出，也就是说，对一个 512 位的分组，MD5 压缩函数对缓冲区 ABCD 的不同值产生相同的输出，这种情况称为伪碰撞（pseudo-collision）。目前尚不能用该方法成功攻击 MD5 算法。

（3）H. Dobbertin(1996)找到了 MD5 无初始值的碰撞（pseudo-collision）。给定一个 512 位的分组，可以找到另一个 512 位的分组，对于选择的初始值 IV_0，它们的 MD5 运算结果相同。到目前为止，尚不能用这种方法对使用 MD5 初始值 IV_0 的整个消息进行攻击。

（4）R. L. Rivest 曾猜想作为 128bit 长的 Hash 函数，MD5 的强度达到了最大：要找出两个具有相同 Hash 值的消息需执行 $O(2^{64})$ 次运算，而要找出具有给定 Hash 值的一个消息则要执行 $O(2^{128})$ 次运算。

（5）我国山东大学王小云教授(2004)提出的攻击对 MD5 最具威胁。对于 MD5 的初始值 IV_0，王小云找到了许多 512 位的分组对，它们的 MD5 值相同。王小云在美州密码年会上做了攻击 MD5、HAVAL-128、MD4 和 RIPEMD 算法的报告,公布了 MD 系列算法的破解结果。

2.4.3 SHA-1 算法

SHA 算法(secure hash algorithm)由美国标准与技术研究所设计并于 1993 年作为联邦信息处理标准发布,修改版于 1995 年发布,通常称为 SHA-1。该标准称为安全 Hash 函数。

RFC 3174 也给出了 SHA-1,它基本上是复制 FIPS 180-1 的内容,但增加了 C 代码实现。SHA-1 算法的输入是长度小于 264 的任意消息 x,输出 160 位的杂凑值。

SHA-1 与 MD5 的算法类似,其性质极也为相似,SHA-1 和 MD5 的比较:

1. 抗穷举攻击的能力

(1)SHA-1 抗穷举攻击的能力比 MD5 强。

(2)用穷举攻击方法产生具有给定杂凑值的消息,MD5 需要的代价为 2128 数量级;SHA-1 需要的代价为 2160 数量级。

(3)用穷举攻击方法产生两个具有相同杂凑值的消息,MD5 需要的代价为 264 数量级;SHA-1 需要的代价为 280 数量级。

2. 抗密码分析的能力

(1)速度:SHA-1 执行的速度比 MD5 的速度慢得多。

(2)简洁性:SHA-1 和 MD5 两种算法都易于描述和实现,无需使用大的程序和置换表。

(3)数据的存储方式:MD5 使用 little-endian 方式,SHA-1 使用 big-endian 方式。二者无本质的差异。MD5 和 SHA-1 其实都属于 MD4 的改进版本,MD4、MD5 与 SHA-1 比较如下表 2.3 所列。

表 2.3　MD4、MD5 与 SHA-1 比较

比较项	MD4	SHA-1	MD5
Hash 值	128bit	160bit	128bit
分组处理长	512bit	512bit	512bit
基本字长	32bit	32bit	32bit
步数	48(3×16)	80(4×20)	64(4×16)
消息长	不大于 2^{64}bit	不大于 2^{64}bit	不限
基本逻辑函数特征	3 个简单非线性并且对称	3 个简单非线性且对称 (2、4 轮相同)	4 个简单非线性并且对称
常数个数	3	4	64
速度	/	为 MD4 的 3/4	为 MD4 的 1/7

2.5　密码学新方向

密码学把信息安全核心算法作为研究目标,其研究内容也是不断发展变化的。现代的加密技术就是适应了网络安全的需要而产生的,它为电子商务活动提供了安全保障,目前一些很实用的密码新技术逐渐为人们所用。

1. 密码专用芯片集成

密码技术是信息安全的核心技术,目前已经渗透到大部分安全产品之中,正向芯片化方向发展。在芯片设计制造方面,目前微电子水平已经发展到 0.1 微米工艺以下,芯片设计的水平很高。我国在密码专用芯片领域的研究起步落后于国外,近年来我国集成电路产业技术的创新和自我开发能力得到了提高,微电子工业得到了发展,从而推动了密码专用芯片的发展。加快密码专用芯片的研制将会推动我国信息安全系统的完善。

2. 量子加密技术方面

量子技术在密码学上的应用分为两类:一是利用量子计算机对传统密码体制的分析;二是利用单光子的测不准原理在光纤一级实现密钥管理和信息加密,即量子密码学。量子计算机是一种传统意义上的超大规模并行计算系统,利用量子计算机可以在几秒钟内分解 RSA 的公钥。随着网络的发展,全光网络将是今后网络连接的发展方向,利用量子技术可以实现传统的密码体制,在光纤一级完成密钥交换和信息加密。如果攻击者企图接收并检测发送方的信息,则将造成量子状态的改变,这种改变对攻击者而言是不可恢复的,而对收发方则可很容易地检测出信息是否受到攻击。目前量子加密技术仍然处于研究阶段,其量子密钥分配 QKD 在光纤上的有效距离还达不到远距离光纤通信的要求。

3. 信息隐藏技术方面

数字水印技术与信息安全、信息隐藏、数据加密等均有密切的关系,是多媒体信息安全研究领域的一个热点。该技术通过在原始数据中嵌入秘密信息(水印)来证实该数据的所有权,被嵌入的水印可以是一段文字、标识、序列号等,它与原始数据紧密结合并隐藏其中,即使经历破坏源数据使用价值的操作也能保存下来。

4. 智能卡技术及生物测量方面

智能卡及生物测量学在密码学方面的应用也十分广泛。生物测量学是指借助个人身体特征来对个人进行认证的广泛技术,包括指纹鉴定、虹膜和视网膜扫描、声音或面部识别、手形测量等。生物测量学系统的优势在于其识别标志是独一无二的且总是存在的。这些系统同智能卡系统一起正在得到日益广泛的使用，经常可以用其替代基于密码的认证，或同传统密码系统一起使用。

5. 可证明安全性

可证明安全性是指一个密码算法的安全性可以通过归约的方法去证明。所谓的归约是把一个公认的难解问题转化为密码算法的破译问题，即证明安全性是假定攻击者能够成功，则可以在逻辑上推出这些攻击信息可以使得攻击者或者系统的使用者能够解决一个公认的数学难题。这种思想使密码算法的安全性论证比以往的方法更加科学、更加可信，因此成为密码学研究的一个热点问题。

6. 基于身份的密码技术

利用用户的部分身份信息可以直接推导出其公开密钥的思想，早在 1984 年 Shamir 就提出来了。对于普通公钥密码来说，证书权威机构是在用户生成自己的公私密钥对之后，对用户身份和公钥进行捆绑，并公开这种捆绑关系。对于基于身份的公钥密码来说，与证书权威机构对应的可信第三方，在用户的密钥对生成过程已经参与，公开密钥可以选择以用户的部分身份信息形成的函数值。此时用户与其公钥的捆绑关系不是通过数字签名，而是通过可信第三方对密码参数的可信、统一（而不是单独对每个用户的公钥）公开得到保障。可以看出来，在多级交叉通信的情况下，对于身份的密码的使用比普通公钥密码的使用减少了一个签名及验证层次，从而受到业界的关注。

Shamir、Fiat 和 Feige 在 1984 年后的几年中，提出基于身份的数字签名方案和身份识别方案。直到 2001 年，Boneh、Franklin 才提出一个比较完善的基于身份的加密方案。Boneh 和 Franklin 的方案使用了椭圆曲线的 Weil 配对映射，从此人们把基于身份的密码与椭圆曲线的 Weil 配对联系在一起，成为近年来密码学的一个相当活跃的研究分支。

近几年密码技术的应用领域越来越广泛。在电子商务方面，电子现金和电子支付手段引起货币形式的又一场革命，它的安全性和可靠性主要依靠密码技术来实现。PKI 密码认证体系及数字证书是密码技术的一个典型应用，它可以提供身份鉴别、信息加密、防止抵赖的应用方案，数字证书的颁发机构 CA 中心将作为一种基础设施为电子商务的发展提供可靠的保障。

第 3 章　身份认证与数字签名技术

身份认证是在计算机网络中确认操作者身份的过程,是防护信息资源的第一道关口。数字签名是计算机信息安全的核心技术之一,已经成为信息认证的重要工具,并在信息安全、身份认证、数据完整性、不可否认性及匿名性等方面发挥了重要作用。

3.1　身份认证技术

身份认证与数字签名都是和认证技术有关的安全技术,前者是对操作者的授权认证,后者是信息内容的认证。

3.1.1　身份认证的途径

层出不穷的网络犯罪,引起了人们对网络身份的信任危机,如何证明"我是谁?"及如何防止身份冒用等问题又一次成为人们关注的焦点。

身份认证的途径主要有以下四种:

(1)基于你所知道的(What you know?):如知识、口令、密码等。

(2)基于你所拥有的(What you have?):如身份证、信用卡、钥匙、智能卡、令牌。

(3)基于你的个人特征(What you are?):如指纹、笔迹、声音、视网膜、虹膜等。

(4)双因素、多因素认证。

一般将上面前三种中的两种或者三种组合在一起,形成的一种混合认证方式。

3.1.2　常用的身份认证技术

身份认证技术作为网络安全的第一道防线,受到普遍关注。常用的身份认证方案有以下几种:

1. 用户名/密码方式

用户名/密码方式是最简单也是最常用的身份认证方法。用户的密码是由用户设定,登录时输入正确的密码,计算机就认为操作者就是合法用户。由于许多用户为了防止忘记密码,经常会采用容易被他人猜到的有意义的字符串作为密码,极易造成密码泄露,或者被驻留在计算机内存中的木马程序或网络中的监听设备截获。因此它是一种不安全的身份认证方式。

2. 智能卡(IC 卡)认证

智能卡是一种内置了集成电路的卡片,卡片中存有与用户身份相关的数据,由专门的厂商通过专门的设备生产,是不可复制的硬件。IC 卡由合法用户随身携带,登录时必须将 IC 卡插入专用的读卡器中读取其中的信息,以验证用户的身份。IC 卡硬件的不可复制性可以保证用户身份不会被仿冒,然而由于每次从 IC 卡中读取的数据还是静态的,通过内存扫描或网络监听等技术还是很容易能截取到用户的身份验证信息,因此该方案还是存在安全隐患的。

3. 动态口令

动态口令技术采用一次一密的方法,是目前最为安全的身份认证方式。它采用动态令牌的专用硬件,在密码生成芯片上运行专门的密码算法,根据当前的时间或者使用次数生成当前密码。动态口令牌通过客户手持用来生成动态密码的终端实现,主流的动态口令牌基于时间同步方式,口令一次有效,它产生 6 位动态数字进行一次一密的方式认证。每次使用的密码必须由动态令牌来产生,只有合法用户才持有该硬件,所以只要密码验证通过就可以认为该用户的身份是可靠的。用户使用时只需要将动态令牌上显示的当前密码输入客户端计算机,即可实现身份的确认,有效地保证了用户身份的安全性。

目前 85% 以上的世界 500 强企业运用动态口令牌来保护登录安全,广泛应用在网上银行、VPN、电子政务、电子商务等领域,被认为是当前最为安全的身份认证方式。它利用"What you have?"的途径实现身份认证。

4. 短信密码

短信密码是以手机短信的形式请求包含 6 位随机数的动态密码,身份认证系统以短信形式发送随机的 6 位密码到客户的手机上。客户在登录或者交易认证时候输入此动态密码,从而确保了系统身份认证的安全性,它是利用"What you have?"的途径实现身份认证的方法。

短信密码具有安全性、普及性、易收费、易维护等优点,大大降低了短信密码系统上马的复杂度和风险承受力,短信密码业务后期客服成本低,稳定的系统在提升安全性的同时也营造良好的口碑效应,这也是目前银行也大量采纳这项技术很重要的原因。

5. USBKEY 认证

基于 USBKEY 的身份认证方式是近几年发展起来的一种方便、安全的身份认证技术,它采用软硬件相结合、一次一密的强双因子认证模式,很好地解决了安全性与易用性之间的矛盾。USBKEY 是一种 USB 接口的硬件设备,它内置单片机或智能卡芯片,可以存储用户的密钥或数字证书,利用 USBKEY 内置的密码算法实现对用户身份的认证。基于 USBKEY 身份认证系统主要有两种应用模式:基于冲击/响应的认证模式和基于 PKI 体系的认证模式,目前多运用于电子政务、网上银行的身份认证。

6. 生物特征认证

基于生物特征身份识别的基本框架结构如图 3.1 所示。

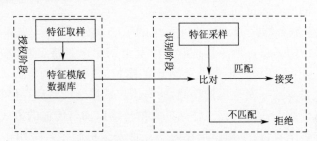

图 3.1　基于生物特征身份识别的基本框图

生物特征认证是指采用生物特征来验证用户身份的技术,是通过可测量的身体或行为等生物特征进行身份认证的一种技术。生物特征分为身体特征和行为特征两类。身体特征包括:声音、指纹、掌型、视网膜、虹膜、人体气味、脸型、手的血管和 DNA 等;行为特征包括:签名、语音、行走步态等。目前部分学者将视网膜识别、虹膜识别和指纹识别等归为高级生物识别技术;将掌型识别、脸型识别、语音识别和签名识别等归为次级生物识别技术;将血管纹理识别、人体气味识别、DNA 识别等归为"深奥的"生物识别技术,指纹识别技术目前被广泛应用于门禁系统、微型支付等方面。

生物特征认证与传统身份认证技术相比,无疑产生了质的飞跃,它具有传统的身份认证手段无法比拟的优点:随身性、安全性、唯一性、稳定性、广泛性、方便性、可采集性、可接受性等,不必再记忆和设置密码,使用起来更加方便。

生物学的身份认证采用计算机的强大功能和网络技术进行图像处理和模式识别,被认为是最可靠的身份认证方式,几乎不可能被仿冒。不过,生物特征认证是基于生物特征识别技术的,所以受到现在的生物特征识别技术成熟度的影响。采用生物特征认证还具有较大的局限性:首先,生物特征识别的准确性和稳定性还有待提高;其次,由于研发投入较大而产量较小的原因,生物特征认证系统的成本非常高。

近几年来,全球的生物识别技术已从研究阶段转向应用阶段,对该技术的研究和应用如火如荼,前景十分广阔。

7. 双因素身份认证

双因素就是将两种认证方法结合起来,进一步加强认证的安全性,目前使用最广泛的双因素有:动态口令牌＋静态密码或者 USBKEY＋静态密码。

IKEY 双因素动态密码身份认证系统是由上海众人网络安全技术有限公司自主研发,是基于时间同步技术的双因素认证系统,是一种安全便捷、稳定可靠的身份认证系统。其强大的用户认证机制替代了传统的基本口令安全机制,消除了因口令欺诈而导致的损失,防止恶意入侵者或员工对资源的破坏,解决了因口令泄密导致的所有入侵问题。

IKEY 认证服务器是 IKEY 认证系统的核心部分,其与业务系统通过局域网相连接。该 IKEY 认证服务器控制着所有上网用户对特定网络的访问,提供严格的身份认证,上网用户根据业务系统的授权来访问系统资源。IKEY 认证服务软件具有自身数据安全保护功能,所有用户数据经加密后存储在数据库中,其中 IKEY 认证服务器与管理工作站的数据传输以加密传输的方式进行。

就目前趋势来看,将生物识别在内的几种安全机制整合应用正在成为新的潮流。其中,较为引人注目的是将生物识别、智能卡、公钥基础设施(PKI)技术相结合的应用,如指纹 KEY 产品。PKI 从理论上提供了一个完美的安全框架,其安全的核心是对私钥的保护;智能卡内置 CPU 和安全存储单元,涉及私钥的安全运算在卡内完成,可以保证私钥永远不被导出卡外;生物识别技术不再需要记忆和设置密码,个体的绝对差异化使生物识别树立了有始以来的最高权威。三种技术的有机整合,正可谓是一卡三关、相得益彰,真正做到使人们在网上冲浪时在不经意间,即可享受便捷的安全。

在实际应用中,认证方案的选择应当从系统需求和认证机制的安全性能两个方面来综合考虑,安全性能最高的不一定是最好的。如何减少身份认证机制和信息认证机制中的计算量和通信量,而同时又能提供较高的安全性能,也是信息安全领域的研究人员进一步需要研究的课题。

3.1.3　基于 X509 公钥证书的认证

1. X509 认证框架

X509 认证框架如图 3.2 所示,其中关键对象功能如下:

(1)CA:签发证书(Certificate Authority);

(2)RA:验证用户信息的真实性(Registry Authority);

(3)Directory:用户信息、证书数据库;没有保密性要求;证书获取;从目录服务中得到;在通信过程中交换。

2. X509 证书的安全性

任何具有 CA 公钥的用户都可以验证证书有效性;除了 CA 以外,任何人都无法伪造、修改证书。

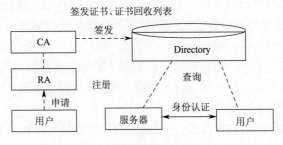

图 3.2 X509 认证框架

3.1.4 身份认证技术的应用

身份识别是指用户向系统出示自己身份证明的过程,主要使用约定口令、智能卡和用户指纹、视网膜、声音等生理特征。数字证明机制提供利用公开密钥进行验证的方法。

1. Kerberos 的身份认证

Kerberos 是 MIT 为分布式网络设计的可信第三方认证协议。网络上的 Kerberos 服务起着可信仲裁者的作用,它可提供安全的网络认证,允许个人访问网络中不同的机器。Kerberos 基于对称密码技术,它与网络上的每个实体分别共享一个不同的密钥,是否知道该密钥便是身份的证明。该认证过程的实现不依赖于主机操作系统的认证,无需基于主机地址的信任,不要求网络上所有主机的物理安全,网络上传送的数据包可以被读取、修改和插入数据。

Kerberos 存在的问题:Kerberos 服务服务器的损坏将使得整个安全系统无法工作;AS 在传输用户与 TGS 间的会话密钥时是以用户密钥加密的,可能受到口令猜测的攻击;Kerberos 使用了时间戳,存在时间同步问题;要将 Kerberos 用于某一应用系统,则该系统的客户端和服务器端软件都要作一定的修改。

2. HTTP 中的身份认证

HTTP 提供了一个基于口令的基本认证方法,缺少安全性。目前,所有的 Web 服务器都可以通过基于身份认证的方式支持访问控制。用户可以先使用 SSI 建立加密信道后再采用基本身份认证方式进行身份认证。

3. IP 协议中的身份认证

IP 协议由于在网络层,无法理解更高层的信息,所以 IP 协议中的身份认证实际不可能是基于用户的身份认证,而是基于 IP 地址的身份认证。

近年来,银行用户由于在线欺诈和身份被盗而导致资金受损的事件时有发生。诸如网络钓鱼、中间人攻击和木马攻击等高级威胁的不断出现,使得消费者对各种信息渠道的信心都受到了严重影响。RSA、EMC 安全事业部近期调查显示:68%的受访者表示自己遭受过在线欺诈和身份被盗的威胁。

4. SMTPI 的身份认证技术

作为下一代电子邮件的基本结构,SMTPI 则是主动型的身份认证技术。其框架结构由三个主要部分组成:身份、声誉和政策,从而在原来 SMTP 的基础上构成了新的更加安全的信息系统。

在安全领域中使用到智能卡,主要是进行数据保密通信和身份认证,数据通信主要是在智能卡中利用安全技术对数据进行加解密操作,是保证信息安全的关键步骤。而基于智能卡的身份认证主要是利用双因子认证,对用户的身份进行核查,防止非法用户使用系统资源,阻止攻击者对系统的越权操作,同样是保证系统安全、有效的关键理论和技术。

3.2　数字签名技术

数字签名技术以公开密钥加密技术为基础,其核心是采用加密技术的加、解密算法体制来实现对信息的数字签名。目前已在电子邮件、电子银行、电子商务和电子政务等许多领域有重要应用价值,成为了电子商务与网络安全的关键技术之一。

3.2.1　数字签名概述

利用数字签名技术,签名的接收者可以确定签名发送者的身份是否真实;同时,发送者不能否认发送的消息,接收者也不能篡改接收到的消息。

1. 数字签名概念

数字签名是附加在数据单元上的一些数据,或是对数据单元所作的密码变换,这种数据和变换允许数据单元的接收者用以确认数据单元的来源和数据单元的完整性,并保护数据、防止被他人伪造。它是对电子形式的消息进行签名的一种方法,一个签名消息能在一个通信网络中传输,从动态过程看,数字签名技术就是利用数据加密技术、数据变换技术,根据某种协议来产生一个反映被签署文件和签署人特性的数字化签名。

数字签名技术是给电子文档进行签名的一种电子方法,它利用密码技术进行,可以获得比传统签名更高的安全性。数字签名的目的同样是保证信息的完整性和真实性,即消息内容没有被篡改,而且签名也没有被篡改,消息只能始发于所声称的发方。

数字签名与书面签名的区别在于,书面签名是可以模拟的,签名因人而异,而数字签名是数字串,签名因消息而异、同一当事人对不同消息的数字签名是不同的、原有文件的修改必然会反映为签名结果的改变。某一文件的书面签名可被伪造者复制到不同的文件上,而任一文件的数字签名都不可能被复制到不同的文件上生成伪造签名。

2. 数字签名的特点

数字签名的基本要求:签名不能伪造、签名不可抵赖、签名不可改变、签名不可重复使用、签名容易验证。作为保障网络信息安全的重要手段,数字签名主要有以下特性:

(1)防伪造:能够保证数据的完整性。如果数据在传送途中被修改或者根本就是伪造的,则通不过接收方的数字签名认证。其他人不能冒充签名者对消息进行签名,接收方能鉴别发送方所宣称的身份。

(2)防篡改:对消息进行签名后,消息的内容不能更改。

(3)防抵赖:签发送方不能抵赖他曾发送了消息,因为他人无法伪造数字签名(除非其私人密钥被窃取)。

在数字签名的方案设计中要预防签名的非法重放,可以通过在签名报文中添加流水号、时间戳等技术来抵抗重放攻击。早期的数字签名是利用传统的对称密码来实现的,虽然非常复杂,但安全性不高。自公开密钥密码体制出现以后,数字签名技术日益成熟,逐步走向实用化。

3. 数字签名主要功能

数字签名技术是将摘要信息用发送者的私钥加密,与原文一起传送给接收者。接收者只有用发送的公钥才能解密被加密的摘要信息,然后用 Hash 函数对收到的原文产生一个摘要信息,与解密的摘要信息对比。如果相同,则说明收到的信息是完整的,在传输过程中没有被修改,否则说明信息被修改过,因此数字签名能够验证信息的完整性。保证信息传输的完整性、发送者的身份认证、防止交易中的抵赖发生。数字签名是个加密的过程,数字签名验证是个解密的过程。

数字签名技术利用散列函数保证了数据的完整性,同时结合了公钥加密与对称密钥加密的优点,保证了信息的保密性与不可抵赖性。发送者事后不能否认发送的报文签名、接收者能够核实发送者发送的报文签名、接收者不能伪造发送者的报文签名、接收者不能对发送者的报文进行部分篡改、网络中的某一用户不能冒充另一用户作为发送者或接收者。

数字签名的应用范围十分广泛，在保障电子数据交换（EDI）的安全性上是一个突破性的进展。凡是需要对用户的身份进行判断的情况都可以使用数字签名，比如加密信件、商务信函、定货购买系统、远程金融交易、自动模式处理等。

3.2.2　数字签名实现原理与实现

实现数字签名有很多方法，目前数字签名采用较多的是公钥加密技术。在公钥密码学中，数字签名用私有密钥进行加密，接收方用公开密钥进行解密。当某人用其私有密钥加密消息时，能够用他的公开密钥正确解密，就可以肯定该消息是某人签字的，这就是数字签名的基本原理。

利用基于公钥密码的数字签名实现消息鉴别的过程如图 3.3 所示。

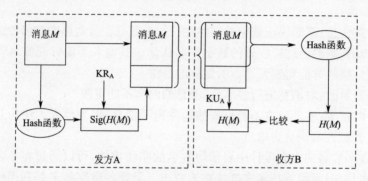

图 3.3　使用数字签名机制实现消息鉴别

发送方先利用公开的 Hash 函数对消息 M 进行变换，得到消息摘要；然后利用自己的私钥对消息摘要进行签名形成数字签名 $\mathrm{Sig}(H(M))$；而后将签名附加在消息后发出。接收方收到消息后，先利用公开 Hash 函数对消息 M 进行变换，得到消息摘要；然后利用发送方的公钥验证签名，如果验证通过，可以确定消息是可信的。

3.2.3　数字签名方法及应用

数字签名包括普通数字签名和特殊数字签名。普通数字签名算法有 RSA、ElGamal、Fiat-Shamir、Guillou-Quisquarter、Schnorr、Ong-Schnorr-Shamir 数字签名算法、Des/DSA、椭圆曲线数字签名算法和有限自动机数字签名算法等。特殊数字签名有盲签名、代理签名、群签名、不可否认签名、公平盲签名、门限签名、具有消息恢复功能的签名等，它与具体应用环境密切相关。

数字签名最早被建议用来对禁止核试验条律进行验证。禁止核试验条律的缔约国为了检测对方的核试验，需要把地震测试仪放在对方的地下，而把测试的数据送回,自然这里有一个矛盾:东道主需要检查发送的数据是否仅为所需测试的数据;检测方需要送回的数据是真实的检测数据,东道主没有篡改。

1. 利用数字加密和数字签名

利用数字签名技术虽然能保证信息的完整性和不可伪造性,但不能保证信息传送的保密性。为了保证网络通信的安全,保证信息传送的完整性、不可抵赖性和保密性,需要对要传送的信息进行数字加密和数字签名。

2. 多人签字

设定发送方的签名次序,每个签名者只验证前一个签名人的签名。如果验证通过,就在此基础上加上自己的签名,否则终止签名。每一个签名者都可以推算出前一个签名人和后一个签名人,并且知道他们的公开密钥,最后一位签名者在签名完成后将最终信息和签名加上公开加密信息一起发送出去。在接收方用它自己的秘密密钥 SK 对信息解密,用公开密钥 PK 计算,产生一个数字签名。如果验证失败,则签名验证终止;否则从签名序列中分离出下一个签名,进行验证。如此循环直至所有的签名验证通过,则整个签名验证成功。

3. 时间戳的实现

为了防止其他人冒用当事人进行了签名情况的发生,必须在签名时就附加上一个被法律或第三方认可的时间证据,类似邮戳的时间戳就完成了这样的任务。

4. 数字签名在远程控制中的应用

在远程管理这个特定的应用环境中,数据的机密性将不成为主要的安全问题,主要的安全问题是数据的完整性和数据源认证。远程管理需要保证最根本的两点:只有合法用户才能对系统进行管理;管理配置信息不被篡改。而使用数字签名就可以很好地解决这些问题。

5. 特殊数字签名的应用

不可否认签名可用于私人信件、商业信函的签名;代理签名在实际应用中则需要不同方案以满足特殊环境的要求;盲签名可应用于电子投票和电子现金等领域;群签名可应用于投标中;同时签名在数字签名的公平交换以及公平竞标等电子商务活动中也有很好的应用;多重签名则主要用于一个文件需要多人签署的情况。

3.2.4 数字签名的未来发展

数字签名是信息安全方面不可缺少的处理技术,目前已有很多人在研究新的算法以适应特定领域的签名需求,其中包括如下几个方面的研究:

(1)高效可验证的安全数字签名方案。这种数字签名方案能够防止通过猜测 RSA 算法的某些变量来选择信息进行攻击。

（2）防止适应性攻击的门限签名方案。在该方案中，数字签名是由一组用户产生，签名所有的私钥由一个组内的多个用户共享。

（3）面向流信息的数字签名。对信息流进行数字签名与对规则信息进行签名不同，接收端在收到全部信息之后才能对签名进行验证。

（4）不可否认数字签名。在这一签名方案中，接收端对签名的验证过程必须在合法发送者的参与下使用确认协议来完成，同时发送者也可以使用否认协议不证明签名是伪造的。

总之，在电子商务、电子政务以及现代密码学快速发展的推动下，数字签名将成为网络信息安全体系的基础与支柱。

第4章 访问控制技术

访问控制是防止信息系统内部威胁的主要技术手段,利用访问控制技术可以避免对系统资源的非法访问和使用,防止非法用户侵入或合法用户的误操作对系统造成的破坏,加强共享信息的保护,是提高信息系统安全的重要环节。

访问控制技术主要包括:认证、控制策略实现、审计。

4.1　访问控制概述

访问控制就是在身份认证的基础上,依据授权对提出的资源访问请求加以控制。访问控制是网络安全防范和保护的主要策略,它可以限制对关键资源的访问,防止非法用户的侵入或合法用户的误操作所造成的破坏。目前普遍使用的访问控制策略主要有强制访问控制策略、自主访问控制策略和基于角色的访问控制策略等。

4.1.1　访问控制的概念和功能

访问控制是对系统资源使用的限制,决定访问主体(用户、进程、服务等)是否被授权对客体(文件、系统等)执行某种操作。访问控制通常用于系统管理员控制用户对服务器、目录、文件等网络资源的访问。只有经授权的访问主体,才允许访问特定的系统资源。访问控制包含以下三方面含义:一是机密性控制,保证数据资源不被非法读出;二是完整性控制,保证数据资源不被非法增加,改写,删除和生成;三是有效性控制,保证资源不被非法访问主体使用和破坏。

访问控制的功能主要有:防止非法的主体进入受保护的网络资源;允许合法用户访问受保护的网络资源;防止合法的用户对受保护的网络资源进行非授权的访问。

4.1.2　访问控制三要素

访问控制系统一般包括三个要素:主体、客体、访问控制策略。其中访问控制策略是访问控制技术的关键内容。

访问控制三要素及其关系如图 4.1 所示。

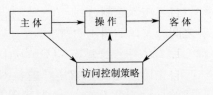

图 4.1　访问控制三要素及其关系

1. 主体

主体是指一个提出请求或要求的实体，是动作的发起者，但不一定是动作的执行者。主体可以是用户，也可以是任何主动发出访问请求的智能体，包括程序、进程、服务等。传统的访问控制方式对用户的控制方法使用较为广泛。

2. 客体

客体是需要接受其他主体访问的被动实体，包括控制机制所保护下的系统资源，在不同应用场景下可以有着不同的具体定义。比如在操作系统中可以是一段内存空间，磁盘上面某个文件，在数据库里可以是一个表中的某些记录，在 Web 上可以是一个特定的页面，网络结构中的某个广义上的数据包结构，例如目录、文件等。

3. 访问控制策略

访问控制策略是访问控制的核心，是主体对客体的访问规则的集合，它规定了主体能够对客体实施的操作和约束条件。简单的讲，访问控制策略是主体对客体的规则集，它直接定义了主体对客体可以实施的具体的作用行为和客体对主体的访问行为所做的条件约束。访问控制策略在某种程度上体现了一种授权行为，也就是客体对主体进行访问的时候，所具有的操作权限的允许。主体进行访问动作的方式取决于客体的类型。一般是对客体的某种操作，比如请求内存空间，文件的操作问题，修改数据库表中记录等。例如读取、修改、删除等。

访问控制的实施主要包括授权和访问检查两个方面。授权指的是将对客体的操作许可赋予主体，制订访问控制策略，提供给访问检查使用。访问检查发生在主体要求访问客体的时候，检查是否存在授权的相应的访问控制策略，只有通过检查的操作是允许发生的。

4.2　访问控制的类型

早期的访问控制安全模型有自主访问控制（Discretionary Access Control，DAC）模型和强制访问控制（Mandatory Access Control，MAC）模型，这两种模型在 20 世纪 80 年代以前占据着主导地位，但由于 DAC 和 MAC 安全性的缺陷及其基于用户的机制，造成了添加用户和功能时操作的复杂性。因此之后又出现了新型的访问控制技术：基于角色的访问控制 RBAC。

自主访问控制、强制访问控制、基于角色的访问控制三种类型的访问控制策略之间的关系如图 4.2 所示。

1. 自主访问控制技术（DAC）

自主访问控制是指用户有权对自身所创建的访问对象（文件、数据表等）进行访问，并可将对这些对象的访问权授予其他用户和从授予权限的用户收回其访问权限。自主访问控制有一个明显的缺点就是这种

图 4.2 三种访问控制策略的关系

控制是自主的，它能够控制主体对客体的直接访问，但不能控制主体对客体的间接访问。虽然这种自主性为用户提供了很大的灵活性，但同时也带来了严重的安全问题。

DAC 模型是根据自主访问策略建立的一种模型，允许合法用户以用户或用户组的身份访问策略规定的客体，同时阻止非授权用户访问客体。DAC 模型的主要特点是授权灵活，系统中的主体可以将其拥有的权限自主地授予其他用户，缺点是权限很容易因传递而出现失控，进而导致信息泄漏。

2. 强制访问控制技术（MAC）

强制访问控制是指由系统对用户所创建的对象进行统一的强制性控制，按照规定的规则决定哪些用户可以对哪些对象进行何种操作类型的访问。即使是创建者用户，在创建一个对象后，也可能无权访问该对象。安全级别高的计算机采用这种策略，它常用于军队和国家重要机构，例如将数据分为绝密、机密、秘密和一般等几类。用户的访问权限也类似定义，即拥有相应权限的用户可以访问对应安全级别的数据，从而避免了自主访问控制方法中出现的访问传递问题。这种策略具有层次性的特点，高级别的权限可以访问低级别的数据。这种策略的缺点在于访问级别的划分不够细致，在同级间缺乏控制机制。

MAC 模型是一种多级访问控制策略模型，它的主要特点是系统对访问主体和受控对象实行强制访问控制，系统事先给访问主体和受控对象分配不同的安全级别属性，在实施访问控制时，系统先对访问主体和受控对象的安全级别属性进行比较，之后再决定访问主体能否访问该受控对象。对资源管理集中进行严格的等级分类，这种模型对权限的控制过于严格。而且灵活性较差，一般只用于安全级别较高的军事领域。

由于 MAC 通过分级的安全标签实现了信息的单向流通，因此它一直被军方采用，其中最著名的是 Bell-LaPadula 模型和 Biba 模型，Bell-LaPadula 模型具有只允许向下读、向上写的特点，可以有效地防止机密信息向下级泄露。Biba 模型则具有不允许向下读、向上写的特点，可以有效地保护数据的完整性。

3. 基于角色的访问控制技术(RBAC)

基于角色的访问控制(Role-Based Access Control,RBAC)模型是目前比较流行和先进的安全访问控制模型。在 RBAC 中,用户和访问许可权之间引入角色(Role)的概念,用户与特定的一个或多个角色相联系,角色与一个或多个访问许可权相联系,角色可以根据实际的工作需要生成或取消,而用户可以根据自己的需要动态地激活自己拥有的角色,避免了用户无意中危害系统安全。

目前大型系统应用于社会的方方面面,寻找一种适合大型可扩展系统的安全管理方案就显得极为重要,而 RBAC 技术由于其对角色和层次化管理的引进,特别适用于用户数量庞大,系统功能不断扩展的大型系统。

RBAC 中的基本概念:

(1)用户(User):系统的使用者。可以是人、计算机、机器人,一般指人。

(2)角色(Role):对应于组织中某一特定的职能岗位,代表特定的任务范畴。例如经理、采购员、推销员等。

(3)许可(Permission):表示对系统中的客体进行特定模式访问的操作许可,例如对数据库系统中关系表的选择、插入、删除。在应用中,许可受到特定应用逻辑的限制。

(4)用户分配、许可分配:用户与角色,角色与许可之间的关系都是多对多的关系。用户分配指根据用户在组织中的职责和能力被赋为对应角色的成员,许可分配指角色按其职责范围与一组操作许可相关联,用户通过被指派到角色间接获得访问资源的权限。进行许可分配时,应遵循最小特权原则(the Least Privilege Rule),即分配的许可集既能保证角色充分行使其职权,又不能超越职权范围。

(5)会话(Session):用户是一个静态的概念,会话则是一个动态的概念。一次会话是用户的一个活跃进程,它代表用户与系统进行交互,也叫主体(Subject)。用户与会话是一对多关系,一个用户可同时打开多个会话。

(6)活跃角色集(ARS):一个对话构成一个用户到多个角色的映射,即会话激活了用户授权角色集的某个子集,这个子集被称为活动角色集,ARS 决定了本次会话的许可集。

RBAC 基本原则:

(1)角色继承

为了提高效率,避免相同权限的重复设置,RBAC 采用了"角色继承"的概念,定义了这样的一些角色,他们有自己的属性,但可能还继承其他角色的属性和权限。角色继承把角色组织起来,能够很自然地反映组织内部人员之间的职权、责任关系。

（2）最小权限原则

用户所拥有的权力不能超过他执行工作时所需的权限。实现最小权限原则，需分清用户的工作内容，确定执行该项工作的最小权限集，然后将用户限制在这些权限范围之内。在 RBAC 中，可以根据组织内的规章制度、职员的分工等设计拥有不同权限的角色，只有角色需要执行的操作才授权给角色。当一个主体欲访问某资源时，如果该操作不在主体当前活跃角色的授权操作之内，该访问将被拒绝。

（3）职责分离

对于某些特定的操作集，某一个角色或用户不可能同时独立地完成所有这些操作。RBAC 的基本思想是将访问权限赋给角色，再将角色赋给用户，用户通过角色才能获得访问权限。Sandhu 等人对 RBAC 模型做了进一步完善和扩展，在 1996 年提出 RBAC 模型簇，后来被称为 RBAC96。得到学术界的广泛认可。

4.3　访问控制模型

在访问控制技术的发展过程中为了适应不同的应用需求，人们提出不同的访问控制模型。

1. 基于对象的访问控制模型

基于对象的访问控制（Object-based Access Control Model，OBAC Model）：DAC 模型或 MAC 模型的主要任务都是对系统中的访问主体和受控对象进行一维的权限管理。对于海量的数据和差异较大的数据类型，需要用专门的系统和专门的人员加以处理。

控制策略和控制规则是 OBAC 访问控制系统的核心，OBAC 从信息系统的数据差异变化和用户需求出发，有效地解决了信息数据量大、数据种类繁多、数据更新变化频繁的大型管理信息系统的安全管理。OBAC 从受控对象的角度出发，将访问主体的访问权限直接与受控对象相关联，一方面定义对象的访问控制列表，增、删、修改访问控制项用于操作，另一方面，当受控对象的属性发生改变，或者受控对象发生继承和派生行为时，无须更新访问主体的权限，只需要修改受控对象的相应访问控制项即可，从而减少了访问主体的权限管理，降低了授权数据管理的复杂性。

2. 基于任务的访问控制模型

基于任务的访问控制模型（Task-based Access Control Model，TBAC Model）从任务角度进行授权控制，在任务执行前授予权限，在任务完成后收回权限。

TBAC 中访问权限是与任务绑定在一起的,权限的生命周期随着任务的执行被激活,并且对象的权限随着执行任务的上下文环境发生变化,当任务完成后权限的生命周期也就结束了,是一种主动安全模型。

TBAC 从应用和企业层角度来解决安全问题,以面向任务的观点,从任务的角度来建立安全模型和实现安全机制,在任务处理的过程中提供动态的安全管理,是一种上下文相关的访问控制模型。同时,TBAC 不仅能对不同工作流实行不同的访问控制策略,而且还能对同一工作流的不同任务实例实行不同的访问控制策略。从这个意义上说,TBAC 是基于任务的,这也表明,TBAC 是一种基于实例(instance-based)的访问控制模型。

TBAC 模型由任务、授权结构体、受托人集、许可集四部分组成。

(1)任务(task):是工作流程中的一个逻辑单元,是一个可区分的动作,与多个用户相关,也可能包括几个子任务。授权结构体是任务在计算机中进行控制的一个实例,任务中的子任务,对应于授权结构体中的授权步。

(2)授权结构体(authorization unit):是由一个或多个授权步组成的结构体,它们在逻辑上是联系在一起的。授权结构体分为一般授权结构体和原子授权结构体,一般授权结构体内的授权步依次执行,原子授权结构体内部的每个授权步紧密联系,其中任何一个授权步失败都会导致整个结构体的失败。

(3)授权步(authorization step):表示一个原始授权处理步,是指在一个工作流程中对处理对象的一次处理过程。授权步是访问控制所能控制的最小单元,由受托人集(trustee-set)和多个许可集(permissions-set)组成。

(4)受托人集:是可被授予执行授权步的用户的集合,许可集则是受托集的成员被授予授权步时拥有的访问许可。

当授权步初始化以后,一个来自受托人集中的成员将被授予授权步,我们称这个受托人为授权步的执行委托者,该受托人执行授权步过程中所需许可的集合称为执行者许可集。授权步之间或授权结构体之间的相互关系称为依赖(dependency),依赖反映了基于任务的访问控制的原则,授权步的状态变化一般自我管理,依据执行的条件而自动变迁状态,但有时也可以由管理员进行调配。

一个工作流的业务流程由多个任务构成,而一个任务对应于一个授权结构体,每个授权结构体由特定的授权步组成,授权结构体之间以及授权步之间通过依赖关系联系在一起。在 TBAC 中,一个授权步的处理可以决定后续授权步对处理对象的操作许可,上述许可集合称为激活许可集。执行者许可集和激活许可集一起称为授权步的保护态。

TBAC 的访问政策及其内部组件关系一般由系统管理员直接配置,通过授权步的动态权限管理,TBAC 支持最小特权原则和最小泄漏原则,在执行任务时只给用户分配所需的权限,未执行任务或任务终止后用户不再拥有所分配的权限;而且在执行任务过程中,当某一权限不再使用时,授权步自动将该权限回收;另外,对于敏感的任务需要不同的用户执行,这可通过授权步之间的分权依赖实现。

TBAC 从工作流中的任务角度建模,可以依据任务和任务状态的不同,对权限进行动态管理。因此,TBAC 非常适合分布式计算和多点访问控制的信息处理控制以及在工作流、分布式处理和事务管理系统中的决策制定。

3. 基于角色的访问控制模型

基于角色的访问控制模型(Role-based Access Model,RBAC Model)的基本思想是:将访问许可权分配给一定的角色,用户通过饰演不同的角色获得角色所拥有的访问许可权。这是因为在很多实际应用中,用户并不是可以访问的客体信息资源的所有者(这些信息属于企业或公司),这样的话,访问控制应该基于员工的职务而不是基于员工在哪个组或基于谁是信息的所有者,即访问控制是由各个用户在部门中所担任的角色来确定的,例如,一个学校可以有教工、老师、学生和其他管理人员等角色。

RBAC 从控制主体的角度出发,根据管理中相对稳定的职权和责任来划分角色,将访问权限与角色相联系,这点与传统的 MAC 和 DAC 将权限直接授予用户的方式不同;通过给用户分配合适的角色,让用户与访问权限相联系。角色成为访问控制中访问主体和受控对象之间的一座桥梁。

角色可以看作是一组操作的集合,不同的角色具有不同的操作集,这些操作集由系统管理员分配给角色。在下面的实例中,我们假设 Tch1,Tch2,…,Tch$i$ 是对应的教师,Stud1,Stud2,…,Stud$j$ 是相应的学生,Mng1,Mng2,…,Mng$k$ 是教务处管理人员,那么老师的权限为 TchMN＝{查询成绩,上传所教课程的成绩};学生的权限为 StudMN＝{查询成绩,反映意见};教务管理人员的权限为 MngMN＝{查询,修改成绩,打印成绩清单}。那么,依据角色的不同,每个主体只能执行自己所制定的访问功能。用户在一定的部门中具有一定的角色,其所执行的操作与其所扮演的角色的职能相匹配,这正是基于角色的访问控制(RBAC)的根本特征,即:依据 RBAC 策略,系统定义了各种角色,每种角色可以完成一定的职能,不同的用户根据其职能和责任被赋予相应的角色,一旦某个用户成为某角色的成员,则此用户可以完成该角色所具有的职能。

当用户数量多、处理的信息数据量巨大时,用户权限的管理任务将变得十分繁重,并且用户权限难以维护,这就降低了系统的安全性和可靠性。

4. 基于角色—任务的访问控制模型

1998 年,G. Coulouris 等人在 RBAC 和 TBAC 模型的基础上,提出了基于角色和任务的访问控制模型,它将 RBAC 和 TBAC 结合起来,把任务置于角色和权限之间,给用户指派角色,再给任务分配角色,同时规定执行任务时需要的最小访问权限。这样,当用户提出访问请示时,通过拥有角色来获取某个任务的相关访问权限。该模型继承了 RBAC 和 TBAC 模型的优点,非常适合应用在工作流管理系统中。

5. 基于规则策略的访问控制模型

E. Bertino 等人在 RBAC 模型的基础上给出了一个基于规则的授权模型,该模型提出一种约束描述语言,它既能表达静态约束,也能表达动态约束,并且给出了约束规则的一致性检查算法。朱羚等人也提出了一种基于约束规则的访问控制模型(CBAC),该模型采用了显式授权与隐式授权相结合的安全机制,引进一种用于形式化语言来精确描述 CBAC 模型安全策略,并制定了一种描述用户属性约束和时间属性约束的统一语法规范。

6. 面向服务的访问控制模型

面向服务的访问控制模型是最近几年才发展起来的。随着数据库、网络和分布式计算机的发展,组织任务进一步自动化,与服务相关的信息进一步计算机化,增加了工作流访问控制的复杂性,研究人员从工作流访问控制模型与流程模型分离角度来解决此问题。中国科学院软件研究所的徐伟等人提出了一种面向服务的工作流访问控制模型,该模型中服务是流程任务的抽象执行和实施访问控制的基本单元,通过服务将组织角色、流程任务和执行权限关联起来,避免了访问控制模型与流程模型的直接关联。

7. 基于状态的访问控制模型

2001 年. B. Steinmuller 等人将 RBAC 模型扩展,提出了一个基于状态的 RBAC 扩展模型。该模型在传统 RBAC 模型的基础上引入了状态的概念,将由对象访问控制的变化所引起的 RBAC 组件的变化作为状态的迁移,这样就可以为每个对象的访问控制构造一个状态转换图,从而可以根据状态转换图来跟踪各个对象的访问控制策略。该模型中的状态概念跟工作流运行中的任务状态和过程状态的概念非常类似,因此可以将其应用于工作流系统中。

8. 基于行为的访问控制模型

李凤华等人提出了一种基于行为的访问控制模型(Action Based Access Control Model, ABAC),模型中的行为综合了角色、时态状态和环境状态的相关安全信息。ABAC 模型不仅可以提供传统的角色、角色控制和时态约束,还提供环境约束,支持移动计算的接入用户,接入的具体业务需求,接入位置,接入时间和接入平台是随机的、事先不可预知等典型特性。因此,ABAC 具有广泛的应用范围、方便的应用方式。

4.4 访问控制的手段

访问控制是网络安全防范和保护的主要策略,保证网络资源不被非法使用和访问。访问控制涉及的技术包括入网访问控制、网络权限控制、目录级安全控制以及属性安全控制、服务器安全控制等多种手段。

1. 入网访问控制

入网访问控制为网络访问提供了第一层访问控制,它控制哪些用户能够登录到服务器并获取网络资源,控制准许用户入网的时间和准许他们在哪台工作站入网。用户的入网访问控制可分为三个步骤:用户名的识别与验证、用户口令的识别与验证、用户账号的缺省限制检查。三道关卡中只要任何一关未过,该用户便不能进入该网络。如果多次输入口令不正确,则认为是非法用户的入侵,应给出报警信息。

2. 网络权限控制

网络的权限控制是针对网络非法操作所提出的一种安全保护措施,用户和用户组被赋予一定的权限。网络控制用户和用户组可以访问哪些目录、子目录、文件和其他资源,可以指定用户对这些文件、目录、设备能够执行哪些操作。根据访问权限将用户分为系统管理员和一般用户,系统管理员根据他们的实际需要为他们分配操作权限、审计用户、负责网络的安全控制与资源使用情况的审计,用户对网络资源的访问权限可以用访问控制表来描述。

3. 目录级安全控制

网络应允许控制用户对目录、文件、设备的访问,用户在目录一级指定的权限对所有文件和子目录有效,用户还可进一步指定对目录下的子目录和文件的权限。一个网络管理员应当为用户指定适当的访问权限,这些访问权限控制着用户对服务器的访问。八种访问权限的有效组合可以让用户有效地完成工作,同时又能有效地控制用户对服务器资源的访问,从而加强了网络和服务器的安全性。

4. 属性安全控制

当用文件、目录和网络设备时,网络系统管理员应给文件、目录等指定访问属性。属性安全在权限安全的基础上提供更进一步的安全性,网络上的资源都应预先标出一组安全属性。用户对网络资源的访问权限对应一张访问控制表,用以表明用户对网络资源的访问能力。属性设置可以覆盖已经指定的任何受托者指派和有效权限。

5. 服务器安全控制

网络允许在服务器控制台上执行一系列操作。用户使用控制台可装载和卸载模块,可安装和删除软件等操作。网络服务器的安全控制包括可设置口令锁定服务器控制台,以防止非法用户修改、删除重要信息或破坏数据;可设定服务器登录时间限制、非法访问者检测和关闭的时间间隔。访问控制根据主体和客体之间的访问授权关系,对访问过程做出限制。

访问控制服务实现用户身份认证、授权,防止非法访问和越权访问。主要功能包括:用户只能对经管理员或文件所有者授权的许可文件进行被许可的操作;管理员只能进行必要的管理操作,如用户管理、数据备份、热点对象迁移,而不能访问用户加密了的私有数据。

4.5 授权与访问控制实现框架

本节从工程实现框架的角度,介绍访问控制技术中需要考虑的其他相关技术问题:身份识别、密钥分发和访问决策。

4.5.1 PMI 模型

绝大多数的访问控制应用都能抽象出一般的权限管理模型,包括三个实体:客体、权限声称者(Privilege Asserter)和权限验证者(Privilege Verifier)。

(1)客体:是被保护的资源。例如在一个访问控制应用中,受保护资源就是客体。

(2)权限声明者:是主体或者访问者,持有特权并声明其权限具有特定使用内容的实体。

(3)权限验证者:是对访问对象进行验证和决策,是制定决策的实体,决定被声明的权限对于使用内容来说是否充分。

权限验证者根据条件决定访问通过失败:①权限声明者的权限;②适当的权限策略模型;③当前环境变量;④权限策略对访问客体方法的限制。

以上四个条件构成了权限管理基础设施(Privilege Management Infrastructure,PMI)模型的基本要素。其中,权限策略说明了对于给定客体权限的用法的内容,用户持有的权限需要满足的条件或达到的要求。权限策略准确定义了什么时候权限验证者应该确认权限声明者声称的权限是"充分的",以便许可其(对要求的对象、资源、应用等)访问。为了保证系统的安全性,权限策略需要完整性和可靠性保护,防止他人通过修改权限策略而攻击了系统。

图4.3说明验证者如何控制权限声明者对保护对象的访问,描述了最基本

的影响因素。

图 4.3 PMI 模型

PMI 模型的一项重要贡献是规范了由权威机构生成,并进行数字签名的属性证书(Attribute Certificate)的概念,该属性证书可用来准确的表述权限声明者的权限,而且便于权限验证者进行验证。关于属性证书的内容可参看相关书籍。

4.5.2　一般访问控制实现框架

前面已经介绍过几种访问控制,如 BLP 模型中的自主访问控制(DAC)、强制访问控制(MAC)和基于角色的访问控制(RBAC)。PMI 模型给出它们的访问控制授权实现框架,该框架的基本要素如图 4.4 所示。

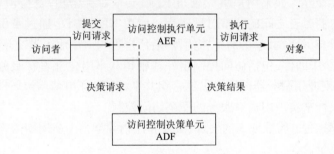

图 4.4　访问控制实现框架

访问者提出访问对象(资源)的访问请求,被访问控制执行单元(Access Control Enforcement Function,AEF)截获,执行单元将请求信息和目标信息以决策请求的方式提交给访问控制决策单元(Access Control Decision Function,ADF),决策单元根据相关信息返回决策结果,执行单元根据决策结果决定是否进行访问。其中执行单元与决策单元不必是分开的模块。

4.5.3　基于 KDC 和 PMI 的访问控制框架

与访问控制紧密关联的是实体的身份识别和密钥分发服务,如果把能够实现身份识别和密钥分发的基础设施——密钥分发中心(KDC)考虑在内,细化上面提到的 PMI,访问控制实现的整体框架结构如图 4.5 所示。

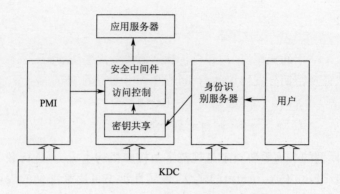

图 4.5 基于 KDC 和 PMI 的访问控制框架结构

1. 框架说明

(1)KDC:密钥分发中心,网络应用中,与 KDC 共享对称密钥的通信双方,通过 KOP(密钥分发协议)获得它们之间的通信共享密钥。

(2)身份识别服务器:用户通过安全的识别协议将用户标识和用户凭证提交到身份识别服务器,身份识别服务器完成识别,用户获得识别凭证,用于用户与应用服务器交互。如果用户事先未与 KDC 共享对称密钥,身份识别服务器还将与用户协商二者之间的共享对称密钥。应用 KDC 协议,通过身份识别协议,用户将获得与 KDC 共享的对称密钥,然后用户再与应用服务器交互。

(3)安全中间件:包括访问控制组件和密钥共享组建部署在服务器之前,通过 KDC 实现应用服务器同用户名的密钥共享,向 PMI 申请用户属性证书,并根据用户的属性来实现用户对服务的安全访问控制。

(4)PMI:通过属性证书的生成、分发和注销等整个生命周期的管理,实现用户权限的授予。

2. 功能介绍

基于 KDC 和 PMI 的安全框架从功能上分为身份识别和密钥分发、授权与访问控制。

(1)身份识别与密钥分发由两部分组成:身份识别服务器与 KDC。在应用网络内身份识别服务器和应用服务器的数量相对用户的数量而言比较少,可以通过物理方式或其他安全的方式与 KDC 之间共享对称密钥。用户的数量较多时,通过手工配置实现用户与 KDC 的密钥共享会给管理上带来沉重的负担。比较现实的方法是用户与身份识别服务器通过安全协议,获取身份识别服务器之间的共享密钥。对 KDC 和用户来说,身份识别服务器是可信第三方。用户与 KDC 可通过 KDP 密钥分发协议实现密钥共享,并通过 KDC 实现与安全中间件之间的密钥共享,以便实现保护用户和应用服务器之间授权信息和应用数据的传递。当用户切换到不同的应用时，由于用户具有与 KDC 之间的密钥共享，可自动地获得与不同应用之间的密钥共享，从而实现用户的单点登录。根据安全的需求及应用的规模，用户到身份识别服务器之间认证的方式可以多种，如基于口令认证及密钥分发协议的身份识别，基于公钥证书的相互认证。密钥分发协议也可以随着安全技术的发展更换不同的协议。

（2）授权与访问控制：通过对用户属性证书的管理，实现对用户权限的管理。PMI 权限管理基础设施主要实现用户属性证书的生成、分发和注销等。属性证书具有包括分立的发行机构，独立于认证之外，将用户的标识与用户的权限属性绑定在一起；具有基于用户的各类属性，进行灵活的访问控制、短时效等特点；能被分发和存储或缓存在非安全的分布式环境中；属性证书不可伪造，防篡改。因此较好地解决了权限的管理问题。

用户通过与安全中间件之间的基于密钥共享的身份识别后，访问控制根据用户的属性证书的属性及应用的策略规则决定是否允许用户对应用服务器资源进行访问。

基于 KDC 和 PMI 的访问控制框架中，用户通过 KDC、身份识别服务器获得与应用服务器之间的密钥共享，通过 PMI 签发的属性证书及访问控制策略获得应用服务管理其资源的安全访问，实现了用户到应用服务器之间统一的身份识别及用户权限的统一管理。

按照审计的定义，它是一套独立的运行审核机构，因此没有放到上述框架之中，安全审计对信息系统安全的评价和改进是一项非常重要的措施，在整体解决方案中是不容忽视的。

第 5 章　数 字 证 书

数字证书是一种权威性的电子文档，它由具有权威性、公正性、可信任性的第三方机构所颁发，用来标识网络应用中通信实体的身份。基于数字证书的认证为网络应用提供了一种安全有效的身份认证机制。

5.1　数字证书简介

数字证书是以数字证书为核心的加密技术，利用它可以对网络上传输的信息进行加密和解密、数字签名和签名验证，确保网上传递信息的机密性、完整性。

5.1.1　数字证书功能

数字证书是提供在 Internet 上进行身份验证的一种权威性电子文档，人们可以在互联网交互中用它来证明自己的身份和识别对方的身份，当然在数字证书认证的过程中，证书认证中心(CA)作为权威的、公正的、可信赖的第三方，其作用是至关重要的。如何判断数字认证中心公正第三方的地位是权威可信的呢？国家工业和信息化部以资质合规的方式，陆续向天威诚信数字认证中心等30 家相关机构颁发了从业资质。

证书认证中心(CA)，承担公钥体系中公钥的合法性检验的责任。CA 为每个使用公开密钥的用户发放一个数字证书，数字证书的作用是证明证书中列出的用户合法拥有证书中列出的公开密钥。CA 机构的数字签名使得攻击者不能伪造和篡改证书，它负责产生、分配并管理所有参与网上交易的个体所需的数字证书，因此是安全电子交易的核心环节。

由此可见，建设证书认证中心(CA)，是开拓和规范电子商务市场必不可少的一步。为了保证互联网上电子交易及支付的安全性、保密性等，防范交易及支付过程中的欺诈行为，必须在网上建立一种信任机制，这就要求参加电子商务的买方和卖方都必须拥有合法的身份，并且在网上能够有效无误的被进行验证。

5.1.2　数字证书的分类

数字证书可基于数字证书的应用角度分为以下几种：服务器证书(SSL 证

书)、电子邮件证书、客户端证书。

1. 服务器证书(SSL 证书)

SSL 证书主要用于服务器的数据传输链路加密、身份认证以及绑定网站域名,不同的产品对于不同价值的数据要求不同的身份认证。最新的高端 SSL 证书产品是扩展验证(EV)SSL 证书。在 IE7.0、FireFox3.0、Opera 9.5 等新一代高安全浏览器下,使用扩展验证 VeriSign(EV)SSL 证书的网站的浏览器地址栏会自动呈现绿色,告诉用户正在访问的网站是经过严格认证的。服务器证书被安装于服务器设备上,用来证明服务器的身份和进行通信加密,服务器证书可以用来防止欺诈钓鱼站点。全球知名的服务器证书品牌有 VeriSign、Thawte、GeoTrust 等。

2. 电子邮件证书

电子邮件证书可以用来证明电子邮件发件人的真实性,它只证明邮件地址的真实性。收到具有有效电子签名的电子邮件,除了能相信邮件确实由指定邮箱发出外,还可以确信该邮件从被发出后没有被篡改过。使用电子邮件证书还可以向接收方发送加密邮件,该加密邮件可以在非安全网络传输,只有接收方的持有者才可能打开该邮件。

3. 客户端证书

客户端证书主要被用来进行身份验证和电子签名。安全的客户端证书被存储于专用的 USBkey 中,存储于 USBkey 中的证书不能被导出或复制,且 USBkey 使用时需要输入 USBkey 的保护密码。使用该证书需要物理上获得其存储介质 USBkey,且需要知道 USBkey 的保护密码,这也被称为双因子认证。这种认证手段是目前 Internet 最安全的身份认证手段之一。

5.1.3 数字证书的工作原理

数字证书颁发过程一般为:用户首先产生自己的密钥对,并将公共密钥及部分个人身份信息传送给认证中心。认证中心在核实身份后,将执行一些必要的步骤,以确信请求确实由用户发送而来,然后认证中心将发给用户一个数字证书,该证书内包含用户的个人信息和他的公钥信息,同时还附有认证中心的签名信息。用户就可以使用自己的数字证书进行相关的各种活动。数字证书由独立的证书发行机构发布。数字证书各不相同,每种证书可提供不同级别的可信度。可以从证书发行机构获得自己的数字证书。

数字证书绑定了公钥及其持有者的真实身份,类似现实生活中的居民身份证可以更加方便灵活地运用在电子商务和电子政务中。

5.1.4　数字证书格式

目前数字证书的格式普遍采用的是 X.509V3 国际标准,所包括内容如图 5.1 所示。

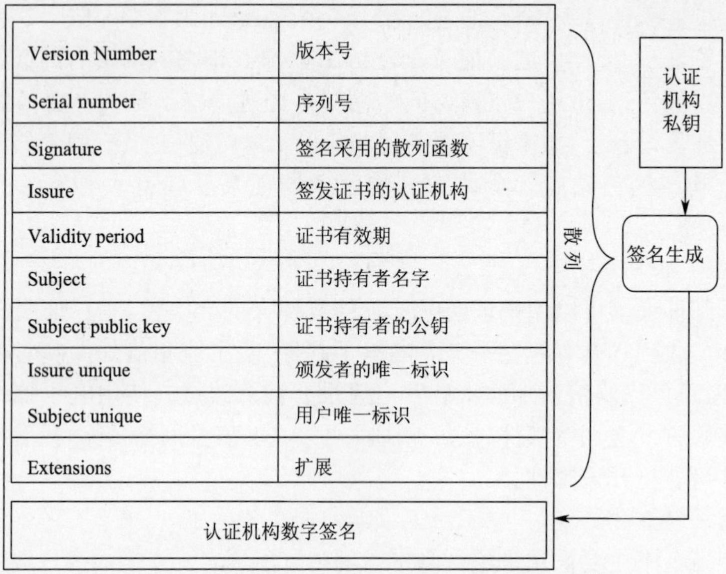

Version Number	版本号
Serial number	序列号
Signature	签名采用的散列函数
Issure	签发证书的认证机构
Validity period	证书有效期
Subject	证书持有者名字
Subject public key	证书持有者的公钥
Issure unique	颁发者的唯一标识
Subject unique	用户唯一标识
Extensions	扩展
认证机构数字签名	

散列

认证机构私钥

签名生成

图 5.1　X.509 证书格式

1. X.509 数字证书格式

数字证书的格式根据标准,包括证书申请者的信息、发放证书 CA 的信息和 CA 的数字签名。X.509 的证书先经过 ASN.1 的 DER 编码,然后再对编码的内容用认证机构的私钥签名,附加在证书内容之后。根据证书格式得知,数字证书将证书持有者的公钥与证书持有者身份进行了绑定,通过对证书中申请者的信息和颁发者的信息使用散列函数产生一个散列值,再利用第三方权威机构的私钥对散列值进行数字签名,形成了完整的数字证书格式。证书的数字签名提供了数据的完整性、可认证性,并且对证书用户提供不可抵赖性。

2. X.509 的三种强认证过程

目前以 X.509 证书格式为基础的 PKI 体制正逐渐取代对称密钥认证而成为网络身份认证和授权体系的主流。

(1)单向认证(One-Way Authentication):它不但建立了 A 和 B 双方身份的证明,同时能保证从 A 到 B 的任何通信信息的完整性,而且还可以防止通信过程中的任何重放攻击。

（2）双向认证（Two-way Authentication）：它增加了来自 B 的应答。既保证是 B 而不是冒名者发送来的应答，又保证双方通信的机密性并可防止重放攻击。

（3）三向认证（Three-Way Authentication）：增加了从 A 到 B 的另外消息，并避免了使用时间标记（用鉴别时间取代）。

假定双方都知道对方的公开密钥，或者通过从目录服务获得对方的证书，或者证书被包含在每方的初始报文中。图 5.2(a)(b)(c)说明了这三个过程。

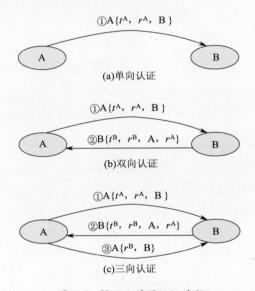

（a）单向认证

（b）双向认证

（c）三向认证

图 5.2　X.509 的强认证过程

用户的身份认证可以根据双方的约定选择采用 X.509 的三种强身份认证中的任何一种。这三种认证都能够有效地防止中间人攻击和重放攻击等多种常用的攻击手段。以上三种强度认证是一个逐步完善的过程，三向认证安全性最好。

5.2　数字证书的管理

5.2.1　证书生命周期

图 5.3 描述了证书的整个生命周期及管理流程。其中状态转移的前缀 U 表示用户，R 表示 RA，C 表示 CA。完整的证书生命周期一般经历申请、签发、使用和失效 4 个阶段。

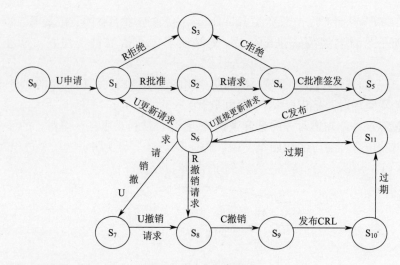

图 5.3　证书生命周期

S_0:用户准备证书注册信息;

S_1:用户提交的申请信息在 RA 申请队列中;

S_2:RA 批准并修改过的申请信息;

S_3:申请证书失败;

S_4:申请信息在 CA 申请队列中;

S_5:CA 批准并签发的证书;

S_6:有效证书在发布目录上,证书处于正常使用状态;

S_7:用户提交的撤销申请在 RA 撤销申请队列中;

S_8:RA 提交的撤销申请在 CA 撤销申请队列中;

S_9:证书被撤销;

S_{10}:证书在 CRL(见 5.2.4 节)中;

S_{11}:证书过期失效。

数字证书的申请一般需要用户携带有关证件到各地的证书受理点,或者直接到证书发放机构即 CA 填写申请表并进行身份审核,审核通过后交纳一定费用就可以得到装有证书的相关介质和一个写有密码口令的密码信封。

5.2.2　数字证书的生成

1. 密钥对的产生

(1)当密钥用于加密数据时,通常在 CA 端产生(包括在 RA 处产生),并对其进行备份。

（2）当密钥对用于数字签名时，通常在终端实体处产生，用来进行数字签名的密钥是不进行备份的。

2. 公钥和公钥持有人信息的提交

不论密钥对在何处产生，在提交公钥和公钥持有人的信息时，都牵涉到消息格式问题。相关标准有两个：①由 RSA 公司制定的标准 PKCS♯10（证书请求语法标准）；②由 PKI 工作组制定的证书请求报文格式（RFC2511）。

3. 证书文件的格式化

PKI 体系中的 CA 在生成证书时应遵循 X. 509 标准。但此处值得注意的是互操作性的问题。因为 X. 509 证书第 3 版提供了许多可选域，若不能严格依据标准进行格式化，可能造成某些情况下证书无法被使用。

5.2.3 数字证书的发布

数字证书必须以某种方式将其分发或公布，以使用户能方便的取用，可能的发布方式有：

1. 带外分发

典型的例子是在严格层次结构的信任模型中，CA 在产生证书后，将证书和相应的密钥对存放在软盘或 IC 卡等介质上，以安全的方式交给用户。

2. 通过某种协议（HTTP、FTP、LDAP 等）分发

通过 HTTP 协议分发的例子是 Netscape Navigator 在线导入证书的过程。采用 HTTP 或 FTP 协议分发时，一般需要提供相应的检索服务，以使用户能快速地查询到所需证书。可考虑提供按证书持有人姓名、证书唯一标识等信息进行查询的方法。另一种常用的分发协议是 LDAP（Lightweight Directory Access Protocol）。它是 1995 年由 Michigan 大学提出来的，其能使访问 X. 500 目录更加容易。

对发布方式的选择依赖于许多因素，包括密钥使用的限制、个人隐私、可扩展性等。重要的是证书应容易获得，这样才能真正利用非对称加密算法的优势。

5.2.4 数字证书的撤销

证书对于公钥及其持有人标识的绑定在证书的整个生命期内都是有效的。但是，当证书持有人的工作变动或其私钥泄漏时，证书将在到达规定的失效期前被撤销。从某种意义上讲，证书的撤销比证书的发布更为重要。若证书对应的私钥被窃取，而证书又没有被即时撤销，就可能导致保密信息的泄露。

撤销信息更新和发布的频率非常重要。一定要确定合适的间隔频率来发布证书撤销信息,并且将这些信息散发给那些正在使用撤销证书的用户。

1. 证书撤销列表格式

证书撤销是通过 CA 发布证书撤销列表(Certificate Revocation List,CRL)来实现的。证书撤销列表格式如图 5.4 所示。认证机构撤销的证书列为一个 revokedCertificates(撤销证书信息目录)序列,其中每一条通过其序列号标识撤销证书并包含撤销日期来指定认证机构撤销证书的具体日期和时间。每一条目还可以通过可选的扩展来提供证书的附加信息。

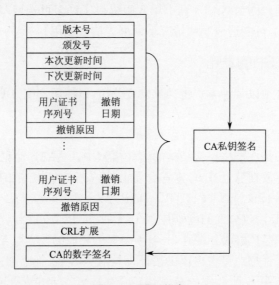

图 5.4　CRL 格式

2. 周期发布机制

撤销证书的实现方法有很多种。一种方法是利用周期性的发布机制如证书撤销列表(CRL),证书撤销列表有完全 CRL、分段 CRL、增量 CRL 和 CA 撤销列表,它们全都基于同样的基本数据结构即 CRL。另一种方法是在线查询机制,如在线证书状态协议(Online Cenificate Status Protocol,OCSP)。

3. 在线查询机制

在线查询机制最显著的一点是在线查询机制通常要求用户无论是否要检索一个证书的撤销信息都得保持在线状态。周期性的发布机制适于离线操作,因为撤销信息是可以缓存的。

如今最普遍的在线撤销机制是在线证书状态协议(OCSP),它提供了一种从名为 OCSP 响应者的可信第三方获取撤销信息的手段。

5.3 CA 的交叉认证

所有用户的证书,不能也不会被单一的证书权威机构发布。必须也的确是存在多个 CA。多个 CA 之间的信任关系必须保证所有的用户不必依赖和信任专一的 CA,真正的问题是:多 CA 之间的关系是什么? 图 5.5 描述了三个典型的 CA,它们分别用 CA_1,CA_2,CA_3 标识。

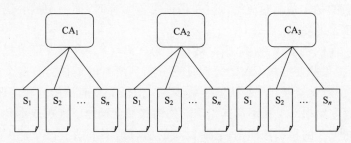

图 5.5 多个 CA 的情况

假设每一 CA 向用户发布了一些证书,用 S_1 到 S_n 标注,每一个 CA 和其他的 CA 没有直接的关系。因此,为了确认从任何一个 CA 发布的证书,每一信任方必须有所有三个证书权威的公钥。下面举出一些 CA 信任模型,这些模型可以提供基于不同 CA 的信任方的交互。

5.3.1 CA 信任模型

1. 层次模式

图 5.6 表示了 CA 的层次模型。CA_1 和 CA_2 递交它们的公钥到称作根 CA 的公共 CA 中心。根 CA 是最可信的证书权威,所有其他信任关系都起源于它。

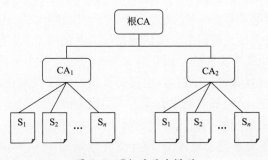

图 5.6 CA 的层次模型

在层次信任模型中，根 CA 有特殊的意义。它被任命为所有最终用户的公共信任锚。根据定义，它是最可信的证书权威，所有其他信任关系都起源于它。它单向证明了下一层下属 CA。本模型中只有上级 CA 可以给下级 CA 发证，而下级 CA 不能反过来证明上级 CA。由于根 CA 是惟一的信任锚，而且信任关系是从最可信的 CA 建立起来的，所以没有别的认证机构可以为根 CA 颁发证书。根 CA 给自己颁发一个自签名证书，它的公钥包含在自签发（self-signed）的证书中，这样证书主体和证书颁发者就是相同的，在证书中证明的公钥与用于在证书上产生签名的私钥是相对应的，这样，当证书被验证时，证书中的公钥将直接用来验证证书上的签名。

回到上面的例子，CA_1 和 CA_2 被指定为下级 CA。自签发证书提供数据完整性，但不提供验证。根 CA 的公钥证书分布到所有的信任方。这个模式需要 CA_1 和 CA_2 建立与根 CA 的认证关系，因此，信任关系能被用户和信任方使用。根 CA 的存在给根 CA 私钥及其相应的公钥的安全增加了维护成本和可靠性要求。如果根 CA 的私钥被泄密，它所发布的所有证书和所有的下级 CA 都是不可信的，它们的证书都必须撤回并重新发布。这种模型只存在一个根 CA 做为信任锚，在小规模的群体中，可以对公共根 CA 达成一致信任。并且因为它单向证明的特性，所有证书路径都在根 CA 证书处终止，所以只有通向根 CA 的证书路径才需要遍历及验证。

随着复杂性级别的增加，对根 CA 和高层的下级 CA 的依赖变得非常关键。因此，由根 CA 强加的安全策略和实践必须声明下一级 CA 的角色和职责。因此每一个下一级 CA 被说成是继承了上一级 CA 的策略和实践。但是，根 CA 层不是完成交互的唯一方式。

2. 对等模式

建立信任的两个认证机构是对等的，而不向层次模型那样，一个从属于另一个，这种信任模型是对等模型。在对等模型中，没有作为信任锚的根 CA。证书用户通常依赖局部颁发权威，并将其作为信任锚。当证书权威在对等的基础上起作用时，在同级的关系中，一个或者多个 CA 可以相互交叉认证。如图 5.7 所示，它说明了一条包括具有对等交叉认证信任关系的两个 CA 的证书路径，描述了两个 CA 颁发的最终实体证书以及两个 CA 间颁发的交叉证书。每一对 CA 相互地交换密钥并发布证书给对方，也就是说两个认证机构互发证书，我们称之为交叉证书，其中一个证书的颁发者是另一个证书的主体，一个证书的公钥对应着签名另一个证书使用的私钥。这使得信任方可以核查任何一个曾经和它自己交叉认证过的 CA 发布的用户证书，对于这个认证过的 CA 信任方持有并信任它的公钥。

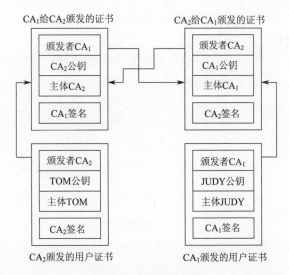

图 5.7 交叉证书路径

图 5.8 表示了三个证书权威 CA_1、CA_2 和 CA_3,它们之中的 CA_1 和 CA_2、CA_2 和 CA_3 已经进行过交叉认证。因此,CA_1 发布证书给 CA_2,包含 CA_2 的公钥,并用 CA_1 的私钥进行了签名。同样的,CA_2 向 CA_1 发布证书,包含 CA_1 的公钥并用 CA_2 的私钥签名。与此类似的,CA_2 和 CA_3 进行了交叉认证。

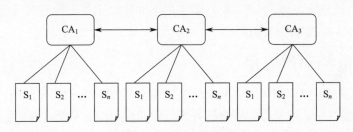

图 5.8 CA 的对等模式

在这个模式中,每一个 CA 从本质上来说都是根 CA,但是,没有最高层的根 CA 存在。因此,在单一的失效点上没有加载负担。每一个 CA 负责它自己的用户,以及提供信任给它的信任方。而且,每一个 CA 的策略和实践是相对立的,因此,随着每一交叉认证的建立,必须重审策略和实践以确保操作的兼容性。

3. 网桥模式

对于 N 个证书权威,需要 $N(N-1)/2$ 次交叉认证。因此,对于 300 个 CA,在所有的 CA 之间将需要 44850 个证书。图 5.9 表示了用一个中心对等 CA 进行的交叉认证模式,其中 CA_1 和 CA_3 仅仅和网桥 CA 进行交叉认证。因此,对于 300 个 CA,仅需要 300 次交叉认证,或者广义上的 N 次交叉认证,极大的小于所谓的 N^2 问题。

与交叉模式相类似,每一个 CA 与网桥 CA 的交叉认证需要协调。应该建立、实现和核查最小限度的策略和实践。

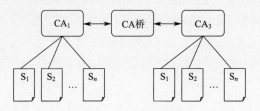

图 5.9　CA 的网桥模式

一个证书的有效期是有限的,这样规定既有理论上的原因,又有实际操作的因素。在理论上诸如关于当前非对称算法和密钥长度的可破译性分析需要证书有有限的有效期。同时在实际应用中,证明密钥必须有一定的更换频度,才能保证密钥使用安全。因此一个已颁发的证书需要有过期的措施,以便更换新的证书。为了解决密钥更新和人工干预的复杂性,应由 PKI 本身自动完成密钥或证书的更新,完全不需要用户的干预。它的指导思想是:无论用户的证书用于何种目的,在认证时,都会在线自动检查有效期,当失效日期到来之前的某时间间隔内,自动启动更新程序,生成一个新的证书来替代旧证书。对于 N 个证书权威,需要 $N(N-1)/2$ 次交叉认证。

5.3.2　数字证书的应用

数字证书可以应用于互联网上的电子商务活动和电子政务活动,其应用范围涉及需要身份认证及数据安全的各个行业的网上作业系统。数字证书的应用是广泛的,其中包括大家最为熟悉的用于网上银行的 USBkey 和部分使用数字证书的 VIEID 即网络身份证。

网络身份证(Virtual identity electronic identification,VIEID)是互联网络信息世界中标识用户身份的工具,用于在网络通讯中识别通讯各方的身份及表明本方身份或某种资格。互联网的发源地美国已先行试行网络实名制和网络身份证(VIEID)。

2011 年 1 月 17 日奥巴马政府责成美国商务部,就如何才能妥善地建立一套"网络身份证"制度尽快给出一个解决方案。美国商务部长骆家辉和白宫网络安全协调员施密特 7 日在斯坦福经济政策研究院出席公开活动时透露,总统奥巴马将于未来数月公开一份名为《身份认证国策》的草案。其他互联网用户大国的相关计划亦已提上日程或正在实施当中。

网络身份证(VIEID)的出现将使互联网变的更加简便、高效、安全与可信。使用各种互联网服务时更加方便,不需要再填写烦琐的注册信息,只需要输入你的网络身份证号和管理密码即可轻松完成,且不需要再记住其他的各种烦琐的账号和密码。比如你注册使用了 facebook、fasdl、QQ、人人网、开心网等,在你的网络身份证管理中心能直接使用这些服务而不需要再输入账号密码。不想使用某项服务时,直接在网络身份证管理中心注销即可。有了 VIEID,互联网的每一位用户都可以相互信任彼此的身份,同时严格且完善的隐私管理机制也使得用户的个人信息免遭泄露。

5.4　公钥基础设施 PKI

公钥基础设施(Public Key Infrastructure,PKI)是基于公开密钥理论和技术基础上发展起来的一种综合安全平台的技术和规范,是信息安全技术的核心,也是电子商务的关键和基础技术,它能为所有网络应用提供加密、数字签名等服务,同时还能提供所需要的密钥和证书。

5.4.1　PKI 技术概述

PKI 是指用公钥概念和技术来实施和提供安全服务的具有普适性的安全基础设施,它能支持公开密钥管理并能支持认证、加密、完整性和可追究性服务。

1. PKI 技术的功能

公钥基础设施 PKI 最主要的任务是确立可依赖的数字身份,而这些身份可以被用来和密码机制相结合,提供机密性、可认证性、完整性和不可抵赖性的核心服务。PKI 利用公钥加密技术为电子商务提供安全平台和技术规范,为用户提供安全通信服务。

PKI 使用公钥概念和技术,其支持公开密钥的管理,是提供真实性、保密性、完整性以及可追究性安全服务的具有普适性的安全基础设施。

2. PKI 的目标

PKI 的目标是要充分利用公钥密码学的理论基础,建立起一种普遍适用的基础设施,为各种网络应用提供全面的安全服务。公开密钥密码为我们提供了一种非对称性质,使得安全的数字签名和开放的签名验证成为可能。而这种优秀技术的使用却面临着理解困难、实施难度大等问题。PKI 希望通过一种专业的基础设施的开发,让网络应用系统的开发人员从繁琐的密码技术中解脱出来而同时能使用户享有完善的安全服务。

PKI 与应用的分离是 PKI 作为基础设施的重要标志,有利于网络应用更快地发展,有利于安全基础设施更好地建设,成为网络应用发展史上的重要里程碑。

3. PKI 的核心服务

PKI 技术采用证书管理公钥,通过 CA 认证中心把用户的公钥和用户的其他标识信息捆绑在一起,在互联网上验证用户的身份。PKI 是创建、颁发、管理、注销公钥证书所涉及到的所有软件、硬件的集合体,其核心元素是数字证书,核心执行者是 CA。

CA 作为 PKI 的核心部分,实现了 PKI 中的证书发放、证书更新、证书撤销和证书验证,CA 的核心功能就是发放和管理数字证书。

在具体实施时,最重要的是 CA 自己的一对密钥的管理,它必须确保其高度的机密性,防止他方伪造证书。CA 的公钥在网上公开,因此整个网络系统必须保证完整性。CA 的数字签名保证了证书的合法性和权威性,CA 中心为一个用户配置两对密钥,两张证书。

4. PKI 的优势

(1)采用公开密钥密码技术,能够支持可公开验证并无法仿冒的数字签名,在支持可追究的服务上具有不可替代的优势。

(2)PKI 采用密码技术,保护机密性是 PKI 最得天独厚的优点。PKI 不仅能够为相互认识的实体之间提供机密性服务,而且能为陌生的用户之间的通信提供保密支持。

(3)数字证书由用户独立验证,不需要在线查询,使得 PKI 能够成为一种服务巨大用户群的基础设施。PKI 采用数字证书方式进行服务。

(4)PKI 提供了证书的撤销机制,使得其应用领域不受具体应用的限制。撤销机制提供了在意外情况下的补救措施,在各种安全环境下都可以让用户更加放心。

(5)PKI 具有极强的互联能力。PKI 都能够按照人类世界的信任方式进行多种形式的互联互通,使 PKI 能够很好地服务于符合人类习惯的大型网络信息系统。PKI 的互联技术为消除网络世界的信任孤岛问题提供了充足的技术保障。

5.4.2　PKI 的组织架构

PKI 基础设施采用证书管理公钥,通过第三方的可信任机构——认证中心,把用户的公钥和用户的其他标识信息捆绑在一起,来验证用户的身份。它提供了一个框架,使得人们可以在这个框架下实施基于加密的安全服务。

图 5.10 描述了 PKI 成员的组织架构,它清楚的提示了各个 PKI 成员的互动关系。

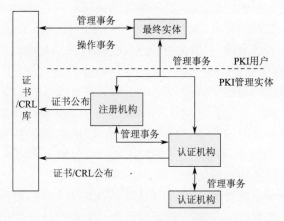

图 5.10　PKI 组织架构

PKI 证书申请者可透过注册机构申请证书,也可直接向认证机构申请。注册机构与认证机构负责在目录服务器上存放数字证书和证书注销列表(CRL),以方便证书申请者取得。

PKI 框架中有三类不同的组成实体:管理实体,端实体和证书库。管理实体是 PKI 的核心部件,是 PKI 服务的提供者;端实体是 PKI 的用户,是 PKI 服务的使用者;证书库是一个分布式的数据库,用于 X. 509 证书/CRL 的存放和检索。

有两种管理实体:CA 和注册中心(Registry Authority, RA)。CA 是 PKI 框架中唯一能够发布/撤销证书的实体,它维护着证书的生命周期;注册中心 RA 负责处理用户请求,在验证了请求的有效性后,代替用户向 CA 提交。RA 可以单独实现,也可以合并在 CA 中实现。作为管理实体,CA/RA 以证书方式向端实体提供公开密钥的分发服务。

有两种端实体:持证者和验证者。持证者是证书的拥有者,是证书所声明事实的主体。持证者向管理实体申请并获得证书,也可以在需要的时候撤销或更新证书。持证者可以使用证书鉴别自己的身份,从而可以获得相应的权利。验证者通常是授权方,它需要确认持证者所提供的证书的有效性以及对方是否为该证书的真正拥有者,只有在成功鉴别之后才会授予对方相应的权利。

证书库存放了经 CA 签名的证书和已撤销证书的列表,网上交易的用户可以使用应用程序,从证书库中得到交易对象的证书、验证其证书的真伪或查询其证书的状态。证书库通过目录技术实现网络服务,LDAP(Lightweight Oirectory Access Protocol)定义了标准的协议来存取目录系统。支持 LDAP 协议的目录系统能够支持大量的用户同时访问,对检索请求有较好的响应能力,能够满足大规模和分布式组织的要求。由于证书库中存取的对象是 X.509 证书和 CRL,其完整性由数字签名来保证,因此对证书库的操作可以在普通的传输通道上进行,无需特殊的安全保护。

不同的实体之间通过 PKI 操作完成证书的请求、确认、发布、撤销、更新、获取等过程。PKI 操作可分为两大类:存取操作和管理操作。前者涉及管理实体或端实体与证书库之间的交互,操作的目的是向/从证书库中存放/读取 X.509 证书和 CRL。后者涉及管理实体与端实体之间或管理实体内部的交互,操作的目的是完成证书的各项管理任务和建立证书链。

实体的划分不是绝对的,有些实体往往兼有其他实体的功能,例如 RA 需要使用证书向 CA 鉴别自己,这时它就是持证者。大多数持证者同时也是验证者,但有一些验证者可能并不是持证者。

5.4.3　PKI 技术的应用与发展趋势

1. PKI 技术的应用

PKI 能够为所有网络应用透明地提供采用加密和数字签名等密码服务所必需的密钥和证书管理。PKI 基础设施把公钥密码和对称密码结合起来,在网上实现密钥的自动管理,保证网上数据的安全传输。

PKI 的主要目的是通过自动管理密钥和证书,为用户建立起一个安全的网络运行环境,使用户可以在多种应用环境下方便的使用加密和数字签名技术,从而保证网上数据的机密性、完整性和有效性。

PKI 提供的安全服务支持了许多以前无法完成的应用。PKI 技术能保证运行代码正确地通过网络下载而不被黑客篡改、保证数字证件不被假冒、为版权保护提供证据、为负责任的新闻或节目分级管理等。

PKI 基础设施是目前比较成熟、完善的网络安全解决方案,国外的一些大的网络安全公司纷纷推出一系列的基于 PKI 的网络安全产品,如美国的 Verisign,IBM、加拿大的 Entrust、SUN 等安全产品供应商为用户提供了一系列的客户端和服务器端的安全产品,为电子商务的发展以及政府办公网、EDI 等提供了安全保证。

2. PKI 技术的发展

2001 年,美国审计总署总结 PKI 发展面临的挑战时指出,互操作问题、系统费用昂贵等是当时的主要困难。2003 年美国审计总署总结联邦 PKI 发展问题时仍旧强调,在 PKI 建设中,针对技术问题和法律问题,在很多地方缺乏策略和指南或者存在错误的策略和指南;实施费用高,特别是在实施一些非标准的接口时资金压力更大;互操作问题依然突出,PKI 系统与其他系统在集成时面临已有系统的调整甚至替换的问题;使用和管理 PKI 需要更多培训,PKI 的管理仍旧有严重障碍。

尽管 PKI 建设的问题很多,也没有出现如同人们想象的突破性的发展,这些挑战实际上都源于 PKI 技术的复杂。随着研究的深入,标准的出台,更多实施者的参与,更多应用的推进都会极大推进互操作性问题的解决。大量的技术人员参与建设,也会加速 PKI 产品的降价,降低 PKI 用户的购买成本。随着用户对 PKI 的深入了解,使用和维护 PKI 也将不是一个昂贵的过程。诸多的困难,并没有阻挡 PKI 的应用的脚步。PKI 已经逐步深入到网络应用的各个环节。

PKI 技术并没有一个招牌应用,也没有人们想象中那么迅速的发展。这使得 PKI 能够成为所有应用的安全基础。没有快速发展也许说明 PKI 的发展不会是昙花一现,而是经久不衰。作为一项目前还没有替代品的技术,PKI 正逐步得到更加广泛的应用。

随着 Internet 应用的不断普及和深入,政府部门需要 PKI 支持管理;商业企业内部、企业与企业之间、区域性服务网络、电子商务网站都需要 PKI 的技术和解决方案;大企业需要建立自己的 PKI 平台;小企业需要社会提供的商业性 PKI 服务。从发展趋势来看,PKI 的市场需求非常巨大,基于 PKI 的应用包括了许多内容,如 WWW 服务器和浏览器之间的通信、安全的电子邮件、电子数据交换、Internet 上的信用卡交易以及 VPN 等。因此,PKI 具有非常广阔的市场应用前景。

5.5　密钥管理技术

密钥的管理是加密系统中最重要但却是最薄弱的环节,一个密码体制的安全性取决于对密钥的管理。密钥管理的好坏直接决定整个可信计算密码支撑平台本身的安全性,如果密钥管理存在一些漏洞或薄弱环节,会导致非法者窃取机密信息,造成巨大损失。

5.5.1　密钥管理技术概述

密钥管理的可靠程度危及整个系统的安全,因此设计一个严密可靠的密钥管理系统是系统设计中的重要环节。密钥是一串二进制字符串,用户的加密系统必须保证他们的密钥被安全的创建和储存,且只有适当的授权用户才能使用。目前国际上也制定了一些标准,比如国际超标准组织制定了 X. 509,美国于1993 年提出的密钥托管理论技术以及麻省理工学院开发的 Kerboros 协议等。为了阻止秘密过于集中,采用秘密共享技术,自从 Shamir1979 年提出这种思想以来,秘密共享理论和技术达到了空前的发展与应用。

密钥管理中的一个关键环节是密钥分配,目前已有了很多密钥分配的协议,但是其安全性分析是一个重要的问题。目前许多一流大学和公司的介入,使得这一领域成为研究热点。

密钥的使用是有一定生存周期的,密钥的生存周期是指授权使用该密钥的周期。假定一个密钥受到危及或用一个特定密钥的加密/解密过程被分析,为密钥规定使用期限就相当于限制危险的发生。一个密钥主要经历以下几个阶段:密钥的生成、密钥的分发、密钥的存储、密钥的备份与恢复、密钥的更新、密钥的销毁等。密钥管理的主要内容也基本是围绕密钥的生存周期进行的。

5.5.2　密钥的结构与分类

1. 密钥的结构

为了适应密钥管理系统的要求,目前大都采用了层次化的密钥结构,将不同类型的密钥划分为 1 级密钥,2 级密钥,…,n 级密钥,从而组成一个层密钥系统。

密钥分层管理如图 5.11 所示,统使用一级密钥通过算法保护二级密钥,使用二级密钥通过算法保护三级密钥,以此类推,所有上层密钥可称为密钥加密密钥,它们的作用是保护数据加密密钥或作为其他更低层次密钥的加密密钥。

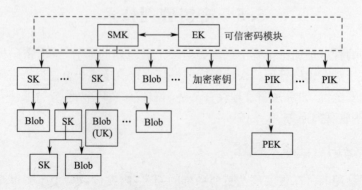

图 5.11　密钥分层管理

数据加密密钥在平时并不存在,在进行数据的加解密时,工作密钥将在上层密钥的保护下动态地产生,数据加密密钥在使用完毕后将立即清除,不再以明的形式出现在密码系统中。

层次化的密钥结构具有以下优点主要体现在安全性高和进一步提高了密钥管理的自动化两方面。

2. 密钥的分类

从具体的功能来看,在一般的密码系统中,密钥可以分为基本密钥、会话密钥、密钥加密密钥和主密钥。

(1)基本密钥(Base Key)

基本密钥又称为初始密钥(primary key)或用户密钥(user key)。是由用户选定或由系统分配给用户的,可在较长时间(相对于会话密钥)内由一对用户所专用的密钥。

(2)会话密钥(Session Key)

会话密钥是两个通信终端用户在一次通话或交换数据时使用的密钥。当它用于加密文件时,称为文件密钥,当它用于加密数据时,称为数据加密密钥。

(3)密钥加密密钥(Key Encrypting Key)

在通信网中,一般在每个节点都分配有一个这类密钥,用于对会话密钥或文件密钥进行加密,又称辅助(二级)密钥。通信网中的每个节点都分配有一个这类密钥。

(4)主密钥(Master Key)

对应于层次化密钥结构中的最上面一层,它是对密钥加密密钥进行加密的密钥,通常主密钥都要受到严格的保护。它是对密钥加密密钥进行加密的密钥,存于主机处理器中。

在公钥体制下,还有公开密钥、秘密密钥、签名密钥之分。将用于数据加密的密钥称三级密钥;保护三级密钥的密钥称二级密钥,也称密钥加密密钥;保护二级密钥的密钥称一级密钥,也称密钥保护密钥。如用口令保护二级密钥,那么口令就是一级密钥。

5.5.3 密钥管理体系

密钥管理体系如图 5.12 所示。

将随机密钥存储在智能卡中。在密钥产生的过程中,需要的是真正的随机数。密钥产生的制约条件有三个:随机性、密钥强度和密钥空间。

密钥从产生到销毁过程中涉及到的问题主要包括:系统的初始化,密钥的产生、存储、备份/恢复、装入、分配、保护、更新、泄露、撤销和销毁等。

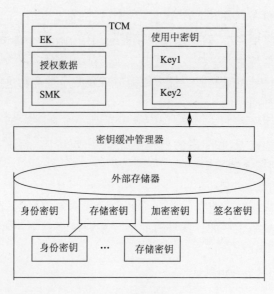

图 5.12　密钥管理体系

5.5.4　密钥管理过程

密钥管理的目的是维持系统中各实体之间的密钥关系，以抗击各种可能的威胁：如密钥的泄露、秘密密钥或公开密钥的身份的真实性丧失、经未授权使用等。

1. 密钥的生成

密钥的生成一般与算法有关，大部分密钥生成算法采用随机或伪随机过程来产生随机密钥。密钥生成的关键是使得生成密钥难猜测，或难于从可用信息中导出。一个好的密钥应具有良好的随机性，可以通过物理噪声源或者伪随机序列算法产生。

2. 密钥的分发

密钥的分发是密钥管理中的最大问题，可由人工信道实现，也由密钥分配中心（Key Distribute Center，KDC）来分发密钥。密钥的分配尽可能自动进行。

3. 密钥与身份的绑定

一般使用证书将密钥和密钥的拥有实体关联起来。

4. 密钥的存储

密钥的存储分为无介质、记录介质和物理介质等几种。密钥一般用文件的形式通过三种途径：智能卡存储；分散保存；公用媒体存储。

5. 密钥的备份与恢复

密钥的恢复是指当一个密钥由于某种原因被破坏,在未被泄露之前,从它的一个备份重新得到密钥的过程。密钥备份应尽量分段保存在物理设备上,如特殊终端或智能卡,这样密钥就不会进入计算机内存。

6. 密钥的更新

一个密钥使用得太久了,会给攻击者增大收集密文的机会。为了增强密钥的安全性,通常要求用户定期更新密钥,这样即使密钥不幸被破译,或者由于各种原因被泄露,定期更新密钥在某种程度上保证了密钥的正常使用。

7. 密钥的吊销

密钥吊销是根据证书所有者或颁发者的要求而撤销证书,证书格式中包含了一个密钥失效日期。如果在此日期前密钥被泄露,或者主题和密钥间的绑定关系已经改变,那么就吊销这个密钥。

5.5.5 密钥的管理技术

一个完整的密钥管理系统应该包括:密钥管理、密钥分配、计算机网络密钥分配方法、密钥注入、密钥存储、密钥更换和密钥吊销。密钥管理是处理密钥自产生到最后销毁的整个过程中的关键问题,包括系统的初始化,密钥的产生、存储、备份/恢复、装入、分配、保护、更新、控制、丢失、吊销和销毁等内容。密钥的管理需要借助于加密、认证、签字、协议、公证等技术。密钥管理涉及密钥的生成、使用、存储、备份、恢复以及销毁和更新等,涵盖了密钥的整个生存周期。

1. 对称密钥的管理

对称加密是基于共同保守秘密来实现的。采用对称加密技术的双方必须要保证采用的是相同的密钥,要保证彼此密钥的交换安全可靠,同时还要设定防止密钥泄密和更改密钥的程序。通过公开密钥加密技术实现对称密钥的管理使相应的管理变得简单、安全,解决了对称密钥体制模式中存在的管理、传输的可靠性问题和鉴别问题。

2. 非对称密钥的管理

非对称密钥的管理主要在于密钥的集中式管理。如何安全地将密钥传送给需要接收消息的人是对称密码系统技术的一个难点,但却是公开密钥密码系统技术的一个优势。公开密钥可以自由分发而无须威胁私有密钥的安全,但是私有密钥一定要保管好。

由于公钥加密计算复杂,耗用时间长,比常规的对称密钥加密慢很多。所以通常使用公开密钥密码系统来传送密码,使用对称密钥密码系统来实现对话。

（1）密钥的分散管理与托管

密钥的分散管理就是把主密钥拷贝给多个可靠的用户保管，而且可以使每个持密钥者具有不同的权力。其中权力大的用户可以持有几个密钥，权力小的用户只持有一个密钥。攻击者只有将各个子系统全部破解，才能得到完整的密钥，但这种管理方式会导致系统效率不高，而采用存取门限机制可以解决认证过程复杂、低效的问题。

目前有三种基本的网络管理结构：集中式、层次式和分布式可以实现密钥的分散管理，其中层次式结构是一种重要的网络管理结构。层次式结构使用了对管理者进行管理（Manager of Managers）的概念，每个域管理者只负责他自己的域的管理，并不知道其他域的存在，更高级管理者从下级的域管理者获得信息，在域管理者之间不进行直接通信，这个结构具有很好的扩展性和较好的灵活性。

（2）密钥的分散、分配和分发

密钥的分散是指主密钥在密钥的管理系统中具有重要地位，需要将主密钥按照权限分散在几个高级用户中保管。这样避免攻击者破获主密钥的可能性。分配是指用户或是可信第三方为通信双方所产生密钥协商的过程。分发是指密钥管理系统与用户间的密钥协商过程。

（3）密钥的托管技术

1993年4月美国政府公布托管加密标准（Escrowed Encryption Standard，EES），提出提供强密码算法实现用户的保密通信，并使获得合法授权的法律执行机构利用密钥托管机构提供的信息恢复出会话密钥，从而对通信实施监听。

密钥托管是指用户向认证机构在申请数据加密证书之前，必须把自己的密钥分成 t 份交给可信赖的 t 个托管人。任何一位托管人都无法通过自己存储的部分用户密钥恢复完整的用户密码。只有这 t 个人存储的密钥合在一起才能得到用户的完整密钥。

第 6 章　信息隐藏技术

随着网络安全问题的日益突出,传统的加密技术日益显露出不足和缺陷,信息隐藏技术应运而生。信息隐藏是一个崭新的研究领域,横跨数字信号处理、图像处理、语音处理、模式识别、数字通信、多媒体技术、密码学等多个学科,是信息安全研究领域与密码技术紧密相关的一大分支。

6.1　信息隐藏概述

信息隐藏的目的是保证隐藏的信息不引起监控者的注意和重视,从而减少被攻击的可能性,在此基础上再使用密码术来加强隐藏信息的安全性,因此信息隐藏比信息加密更为安全。

6.1.1　信息隐藏的概念

信息隐藏是把一个有意义的信息隐藏在另一个称为载体的信息中,得到隐密载体,非法者不知道这个普通信息中是否隐藏了其他的信息,而且即使知道,也难以提取或去除隐藏的信息。所用的载体可以是文字、图像、声音及视频等,为增加攻击难度,也可以把加密与隐藏技术结合起来,即先对消息加密得到密文,再把密文隐藏到载体中。它较之单纯的密码加密方法更多了一层保护,将需要保护的消息由"看不懂"变成"看不见"。

信息隐藏由信息的嵌入和提取两部分组成。人们称待隐藏的信息为秘密信息(SecretMessage),它可以是版权信息或秘密数据,也可为一个序列号。而公开信息则称为载体信息(CoverMessage),如普通图片、视频、音频片断等。密钥,是控制加密、解密过程的一组参数。

广义的信息隐藏是指为了防止数据泄露,将该数据嵌入某种载体中。古代主要使用密码术和隐写术,其中密码术是为了让信息无法被看懂,隐写术的目的是隐蔽机密信息的存在。信息隐藏应用包括:伪装式隐蔽通信、数字水印和用于数字产品的版权保护。

数字信息隐藏的最大特征,就是由公开信息作掩护,第三方很难感觉到秘密信息的存在。利用这一技术,将秘密信息进行加密处理后,可以通过电子邮件、数字文件或图表在网上公开传输,很难跟踪、截获和破解。

6.1.2　信息隐藏技术的分类

随着计算机技术和互联网的发展,各种重要信息需要安全的传递,比如:政府信息、商务信息、个人隐私等,因此信息隐藏逐步受到重视。

1. 按载体类型分类

主要包括基于文本、图像、声音和视频的信息隐藏技术。如 MP3Stego 就是基于音频的信息隐藏软件,Hideandseek 是基于 GIF 图像文件的隐藏软件等。

2. 按提取要求分类

若在提取隐藏信息时不需要利用原始载体称为盲隐藏;否则称为非盲隐藏。

3. 按嵌入域分类

主要可分为空域隐藏算法和变换域隐藏算法。空域法是直接改变图像元素的值,一般是在图像元素的亮度或色度中加入隐藏的内容。变换域方法是利用某种数学变换,将图像用变换域表示,通过更改图像的某些变换域系数加入待隐藏消息,然后再利用反变换来生成隐藏有其他信息的图像。

4. 按保护对象分类

主要可分为隐秘术和数字水印技术。

(1)隐秘术(Steganography)。隐秘术就是将秘密信息隐藏到看上去普通的信息中进行传送,它主要用于保密通信,所要保护的是隐藏的信息;在印刷包装业中的应用,主要指这类隐藏。

隐秘术对秘密信息的隐藏形式,从古代利用动物的身体及在木片上打蜡,到近代使用的隐形墨水、缩微胶片、再到当代使用的扩频通信、网络多媒体数据隐秘等。现代的隐秘术主要应用于信息的安全通信,如军事方面有关军事命令的网络发布、军事地图和军事机密的网络传输等。

(2)数字水印技术。数字水印作为一种新型信息防伪技术,其基本思想是在数字图像、音频和视频等产品中嵌入秘密的信息,以便保护数字产品的版权或证明产品的真实可靠性。数字水印技术是将一些标识信息直接嵌入数字载体当中,但不影响原载体的使用价值,也不容易被人的知觉系统觉察或注意到。目前主要有两类数字水印:空间数字水印和频率数字水印。空间数字水印的典型代表是最低有效位(LSB)算法,频率数字水印的典型代表是扩展频谱算法。

数字水印技术主要用于版权保护及真伪鉴别等目的,它最终所要保护的是载体;目前数字水印在包装印刷防伪方面的应用几乎没有,相信它将成为一个很有意义的研究方向。

目前,数字水印技术已成为当前多媒体信息安全研究领域发展最快的热点技术,它的应用主要涉及数字知识产权保护、电子商务等。德国在用数字水印保护和防止伪造电子照片的技术方面已经取得突破。数字水印近年来发展很快,但鉴于其多用在网上多媒体产品的版权保护和网上的防伪方面,所以水印通常是一些简单的标志或序列号,常常为二值水印或色彩、图案的简单水印。

6.1.3　信息隐藏的基本特点

信息隐藏不同于传统的加密,因为其目的不在于限制正常的资料存取,而在于保证隐藏数据不被侵犯和发现且具有免疫能力。

(1)鲁棒性(Robustness)。鲁棒性是指嵌入水印后的数据经过各种处理操作和攻击操作以后,不会导致其中的水印信息丢失或被破坏的能力。处理操作包括:模糊、几何变形、放缩、压缩、格式变换、剪切、数模和模数转换等。攻击操作包括:有损压缩、多拷贝联合攻击、剪切攻击、解释攻击等。

(2)不可检测性(undetectability)。不可检测性指隐蔽载体与原始载体具有一致的特性。如具有一致的统计噪声分布等,以便使非法拦截者无法判断是否有隐蔽信息。

(3)不可见性(Invisibility)。水印信息和源数据集成在一起,不改变源数据的存储空间;嵌入水印后,源数据必须没有明显的降质现象;水印信息无法被人看见或听见,只能看见或听见源数据。水印的不可见性正是利用人类视觉系统或人类听觉系统属性,经过一系列处理使得信息隐藏,目标数据没有明显的降质现象,而隐藏的数据却无法人为地看见或听见。

(4)安全性(Security)。安全性指隐藏算法有较强的抗攻击能力,即它必须能够承受一定程度的人为攻击,而使隐藏信息不会被破坏。水印信息隐藏的位置及内容不为人所知,这需要采用隐蔽的算法,以及对水印进行预处理(如加密)等措施。

另外,人们总希望载体中能隐藏尽可能多的信息,但实际应用中所能隐藏的信息量总是有限的,因为在保证不可感知的前提下,隐藏的信息越多,鲁棒性就越差。每一个具体的信息隐藏系统都将涉及到不可见性、鲁棒性和信息量之间的折中。

6.1.4　信息隐藏技术的研究现状

信息隐藏技术始于 20 世纪 90 年代,从理论、框架结构到应用环境都还不是很完善,在信息安全传输所使用的技术选择上仍落后于密码学技术。但是它的潜在价值是惊人的,相信在不远的将来它会拥有更广阔的应用。

在国内,对信息隐藏技术的研究工作也在如火如荼地进行着,虽然整体上相对于国外的研究水平有所滞后,但发展势头相当迅猛。1999 年 12 月我国的第一届信息隐藏学术研讨会在京拉开了帷幕,这相当于吹响了我国信息隐藏技术研究的冲锋号,国内一下涌现出很多研究这方面的高校和研究所,如清华大学、哈尔滨工业大学、中国科学院自动化研究所等,我国政府、信息产业部等相关部门也都给予了高度的重视。

随着信息隐藏技术的快速发展,信息隐写分析技术也有了长足的进步。就跟天秤一样,两项技术始终保持对立的统一。目前,比较经典的隐写分析技术有:Memon 基于图像和音频质量检测的隐写分析技术;针对 MP3Steg 低嵌入量隐写分析方法。

传统的加密技术和信息隐藏都是为了保障秘密信息在传输中的安全性,但侧重点及技术手段不同。密码学技术的研究重点在于如何对秘密信息编码以使其编码后看不出原来的任何信息或通过加密已取得双方身份的认证,属于被动防御;信息隐藏技术则属于主动防御,从根源上杜绝了你想拦截破译机密信息的动机,你无法判断一个看上去或听上去无异的公开载体中是否包含秘密信息。

随着计算机网络技术和多媒体技术的快速发展,信息隐藏技术得到了更加广泛的应用。目前利用多媒体数据实现隐藏信息的可行性包括:首先多媒体信息一般拥有很大的数据量,如图像,但这些数据之间具有很高的相关性,其中一部分数据对整体表现效果是无关紧要的,因此利用其本质上的冗余性,我们可以将秘密信息嵌入到这些无关紧要的数据上,再利用压缩编码技术,达到隐藏传送的目的;其次人的眼睛和耳朵都是有一定分辨率级别,这无疑增加了多媒体信息隐藏的可行性。

6.2　信息隐藏技术原理与模型

信息隐藏技术和人眼视觉系统紧密关联。在进行图像隐藏处理时,要通过人眼来判断被隐藏信息的可靠性,即利用人眼的视觉系统特性,来考察信息的嵌入是否影响原始载体图像的视觉感知效果;同时,提高信息隐藏鲁棒性的一个有效途径,是利用人眼的视觉特性,在满足不被感知的前提下,合理分配信息隐藏信息的能量,尽可能的提高嵌入信息的强度。

6.2.1　信息隐藏分类

信息隐藏可以分为:无密钥信息隐藏、私钥信息隐藏和公钥信息隐藏。

1. 无密钥信息隐藏

无密钥信息隐藏的过程为:映射 $E:C\times M\rightarrow C'$,其中,$C$ 为所有可能载体的集合;M 为所有可能秘密消息的集合;C' 为所有伪装对象的集合。提取过程:映射 $D:C' \rightarrow M$,双方约定嵌入算法和提取算法,算法要求保密。

定义:对一个五元组 $\Sigma = \langle C, M, C', D, E \rangle$,其中 C 是所有可能载体的集合,M 是所有可能秘密消息的集合,C' 是所有可能伪装对象的集合,$E:C \times M \rightarrow C'$ 是嵌入函数,$D:C' \rightarrow M$ 是提取函数。

若满足性质:对所有 $m \in M$ 和 $c \in C$,恒有 $D(E(c,m)) = m$,则称该五元组为无密钥信息隐藏系统。不同的嵌入算法,对载体的影响不同。选择最合适的载体,使得信息嵌入后影响最小,即载体对象与伪装对象的相似度最大。

2. 私钥信息隐藏

密码设计者应该假设对手知道数据加密的方法,数据的安全性必须仅依赖于密钥的安全性,这就是 kerckhoffs 准则。无密钥信息隐藏系统,则违反了 kerckhoffs 准则。

定义:对一个六元组 $\Sigma = \langle C, M, K, C', DK, EK \rangle$,其中 C 是所有可能载体的集合,M 是所有可能秘密消息的集合,K 是所有可能密钥的集合,$EK:C \times M \times K \rightarrow C'$ 是嵌入函数,$DK:C' \times K \rightarrow M$ 是提取函数。若满足性质:对所有 $m \in M$,$c \in C$ 和 $k \in K$,恒有 $DK(EK(c,m,k),k) = m$,则称该六元组为私钥信息隐藏系统私钥的传递。

3. 公钥信息隐藏

公钥信息隐藏类似于公钥密码。通信各方使用约定的公钥体制,各自产生自己的公开钥和私密钥,将公开钥存储在一个公开的数据库中,通信各方可以随时取用,私密钥由通信各方自己保存,不予公开。

6.2.2 信息隐藏系统模型

信息隐藏系统的通用模型如图 9.1 所示。待隐藏的信息称为秘密信息,它可以是一段文字,也可以是一幅图像、声音等,还可以是一些版权标志或防伪标志,比如产品 ID,数字签名密钥等。嵌入前可对其进行预处理,包括加密置乱等,然后通过一定的嵌入算法加上密钥的控制将其嵌入到公开载体图像中进行传递;在接收端则通过密钥和算法的逆运算提取秘密信息,有可能还要进行后处理。

信息隐藏系统的通用模型如图 6.1 所示。

图 6.1 显示了秘密信息的预处理,利用密钥 K 嵌入,在有信道分析者的情况下传输,以及利用密钥提取,提取成功后处理这一流程。其中隐藏分析者可能会利用统计手段或检测工具检测出秘密信息,也有可能检测不出秘密信息但对其进行破坏,这就相当于在对一个隐藏算法做攻击实验,以检验其鲁棒性。

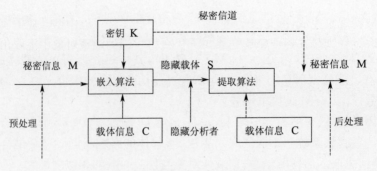

图 6.1　信息隐藏系统的通用模型

根据提取秘密信息需不需要原始载体可将提取算法分为盲提取和非盲提取,这个依据具体嵌入算法而定,一般盲提取较方便些,比如传统的 LSB 算法。

信息隐藏系统模型中涉及到的两个过程:信息隐藏嵌入过程、信息隐藏提取过程。

嵌入过程:通过使用特定的嵌入算法,可将嵌入对象添加到可公开的掩护对象中,从而生成隐藏对象。其模型如图 6.2 所示。

图 6.2　信息隐藏嵌入模型

提取过程是使用特定的提取算法从隐藏对象中提取出嵌入对象的过程。执行嵌入过程和提取过程的个人或组织分别称为嵌入者和提取者。其模型如图 6.3 所示。

图 6.3　信息隐藏提取模型

在信息隐藏系统模型中,在嵌入过程中使用嵌入密钥将嵌入对象嵌入掩护对象中,生成隐藏对象,如将一个 txt 的文本嵌入到一张 jpg 的图像中。嵌入对象和掩护对象可以是文本、图像或音频等。在没有使用工具进行分析时,感觉掩护对象与隐藏对象几乎没有差别,这就是信息隐藏概念中所说的"利用人类感觉器官的不敏感性"。隐藏对象在信道中进行传输,在传输的过程中,有可能会遭到隐藏分析者的攻击,隐藏分析者的目标在于检测出隐藏对象、查明被嵌入对象、向第三方证明消息被嵌入、删除被嵌入对象、阻拦等。其中前三个目标通常可以由被动观察完成,称为被动攻击,后两个目标通常可以由主动攻击实现。

提取过程则是在提取密钥的参与下从所接收到的隐藏对象中提取出嵌入对象,如将上述 txt 文件从 jpg 的图像中提取出来。有些提取过程并不需要掩护对象的参与,这样的系统称为盲隐藏技术,而那些需要掩护对象参与的系统则称为非盲隐藏技术。

信息隐藏过程需要注意如下问题:

(1)信息隐藏的安全性问题,隐藏了信息的载体应该在感官上不引起怀疑;

(2)信息隐藏应该是健壮的,假设公开传递的信息收到了一些形式上的修改,隐藏的信息应该能够经受住对载体的修改;

(3)能经受伪造攻击。

6.3 数 字 水 印

数字水印(Digital Watermark)技术能够在数字化的数据内容中嵌入不明显的记号。被嵌入的记号通常是不可见或不可察的,但是通过计算操作可以检测或者被提取。水印与源数据紧密结合并隐藏其中,成为源数据不可分离的一部分,并可以经历一些不破坏源数据使用价值或商用价值的操作而存活下来。

6.3.1 数字水印的分类

多媒体通信业务和 Internet 的迅猛发展给信息的广泛传播提供了前所未有的便利,各种形式的多媒体作品包括视频、音频、动画、图像等纷纷以网络形式发布,但副作用也十分明显:任何人都可以通过网络轻易的取得他人的原始作品,尤其是数字化图像、音乐、电影等,甚至不经作者的同意而任意复制、修改原始作品,从而侵害了创作者的著作权。

从目前的数字水印系统的发展来看,基本上可以分为以下几类:

(1)所有权确认。多媒体作品的所有者将版权信息作为水印加入公开发布的版本中。侵权行为发生时,所有人可以从侵权人持有的作品中认证他所加入的水印作为所有权证据。这要求这类水印能够经受各种常用的处理操作,比如对于图像而言,要能够经受各种常用的图像处理操作,甚至像打印/扫描这样的操作。

(2)来源确定。为防止未授权的复制,出品人可以将不同用户的有关信息(如用户名、序列号、城市等)作为不同水印嵌入作品的合法复制件中。一旦发现未经授权的复制,可以从此复制中提取水印来确定他的来源。这要求水印可以经受诸如伪造、去除水印的各种企图,除了 1 中所诉的操作外,主要包括多复制联合攻击去除或伪造水印陷害第三方。

（3）完整性确认。当多媒体作品被用于法庭、医学、新闻及商业时,常需要确定它们的内容有没有被修改、伪造或特殊处理过。这时可以通过提取水印,确认水印的完整性来证实多媒体数据的完整。与其他水印不同的是,这类水印必须是脆弱的,源数据稍加处理水印即被破坏,以此作为作品被篡改的证据。当然最好还能够通过识别提取出的水印确定出多媒体数据被篡改的位置。

（4）隐式注释。被嵌入的水印组成内容的注释。比方说,一幅照片的拍摄时间和地点可以转换成水印信号作为此图像的注释。

（5）使用控制。在一个限制试用软件或预览多媒体作品中,可以插入一个指示允许使用次数的数字水印,每使用一次,就将水印自减一次,当水印为 0 时,就不能再使用,但这需要相应硬件和软件的支持。

6.3.2　数字水印的特性

根据信息隐藏的目的和技术要求,数字水印应具有 3 个基本特性:

（1）隐藏性(透明性)。水印信息和源数据集成在一起,不改变源数据的存储空间;嵌入水印后,源数据必须没有明显的降质现象;水印信息无法为人看见或听见,只能看见或听见源数据。

（2）鲁棒性(免疫性、强壮性)。鲁棒性是指嵌入水印后的数据经过各种处理操作和攻击操作以后,不导致其中的水印信息丢失或被破坏的能力。处理操作包括:模糊、几何变形、放缩、压缩、格式变换、剪切、D/A 和 A/D 转换等。攻击操作包括:有损压缩、多拷贝联合攻击、剪切攻击、解释攻击等。

（3）安全性。安全性是指水印信息隐藏的位置及内容不为人所知,这需要采用隐蔽的算法,以及对水印进行预处理(如加密)等措施。

6.3.3　数字水印的嵌入方法

所有嵌入数字水印的方法都包含一些基本的构造模块,即一个数字水印嵌入系统和一个数字水印提取系统。数字水印嵌入过程如图 6.4 所示。

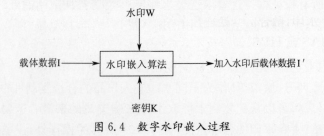

图 6.4　数字水印嵌入过程

该系统的输入是水印 W、载体数据 I 和一个可选择的公钥或者私钥 K。水印可以是任何形式的数据，比如数值、文本或者图像等。密钥可用来加强安全性，以避免未授权方篡改数字水印。所有的数字水印系统至少应该使用一个密钥，有的甚至是几个密钥的组合。当数字水印与公钥或私钥结合时，嵌入水印的技术通常分别称为私钥数字水印和公钥数字水印技术。数字水印检测过程如图 6.5 所示。

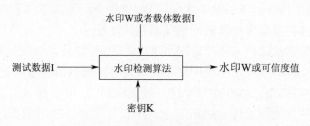

图 6.5　数字水印检测过程

6.3.4　数字水印技术的未来

数字水印技术是一门学科交叉的新兴应用技术，它的研究涉及了不同学科研究领域的思想和理论，如数字信号处理、图像处理、信息论、通信理论、密码学、计算机科学及网络、算法设计等技术，同时涉及公共策略和法律等问题，是近几年来国际学术界才兴起的一个前沿研究领域，得到了迅速的发展。但数字水印技术仍然是一个未成熟的研究领域，还有很多问题需要解决，其理论基础依然薄弱。今后数字水印侧重的研究方向主要有以下几个：

1. 数字水印的基础理论研究

研究不同学科理论在数字水印中的应用，建立数字水印的理论体系。这方面的工作包括建立更好的模型、分析各种媒体中隐藏水印信息的容量（带宽）、分析算法抗攻击和鲁棒性等性能，以及研究对数字水印攻击的方法。

2. 数字水印新算法研究

在分析已有大量的水印算法基础上，结合许多学科的思想来设计满足实际应用的数字水印，融合信号处理技术（如压缩算法）、通信理论（如扩频通信、调频调幅等）、HAS 或 HVS、加密技术及现代最新的非线性理论（如混沌等）等开展新算法的研究。

3. 数字水印的标准化研究

数字水印要得到更广泛的应用，必须建立一系列的标准或协议，如加载或插入数字水印的标准、提取或检测数字水印的标准、数字水印认证的标准等都是急需的,因为不同的水印算法如果不具备兼容性,显然不利于推广数字水印的应用。在这方面需要政府部门和各大公司合作,如果等待市场上自然出现事实标准,将延缓数字水印的发展和应用。同时,需要建立一些测试标准以衡量数字水印的鲁棒性和抗攻击能力,如 Stirmark 几乎已成为事实上的测试标准软件。这些标准的建立将会大大促进数字水印的应用和发展。

4. 数字水印的网络应用研究

对于实际网络环境下的数字水印应用,应重点研究数字水印的网络快速自动验证技术,这需要结合计算机网络技术和认证技术。

近年来,数字水印技术虽然取得了巨大的发展,并且也出现了数字水印技术的一些具体的应用,但在该领域中还存在着许多难题目前没有得到很好的解决,还没有一套完整的理论体系来指导这一领域的研究,很多都是借鉴其他领域的技术和理论,与其他领域技术的相结合。随着数字水印技术的发展,通信技术、密码学技术已结合到该领域中,且其他领域的先进技术也将不断被引入到其中,如分形编码、混沌理论,模糊集理论等。同时,数字水印技术的应用领域也会进一步得到拓展。人们在感受数字信息传播方便的同时,也越来越意识到数字信息合法权益的保护问题的重要性。目前的水印算法在鲁棒性方面还是存在着许多问题,现有的水印算法大多不能抵抗联合进行的多种攻击,因此,数字水印现在无论是从理论还是标准上都是一个具有挑战性的问题。理论上,需研究怎么设立数字水印模型、隐藏容量、抗攻击性能等。而在算法上则需研究更高性能的水印算法。

6.4　信息隐藏关键技术

近年来,信息隐藏技术的研究取得了很大的进步,已经提出了各种各样的隐藏算法。关键的信息隐藏技术有如下几种。

1. 替换技术

替换技术是试图用秘密信息比特替换掉伪装载体中不重要的部分,以达到对秘密信息进行编码的目的。替换技术包括最低比特位替换、伪随机替换、载体区域的奇偶校验位替换和基于调色板的图像替换等。

替换技术是在空间域进行的一种操作,通过选择合适的伪装载体和适当的嵌入区域,能够有效地嵌入秘密信息比特,同时又可保证数据的失真度在人的视觉允许范围内。

替换技术算法简单,容易实现,但是鲁棒性很差,不能抵抗图像尺寸变化、压缩等一些基本的攻击,因此在数字水印领域中一般很少使用。

2. 变换技术

大部分信息隐藏算法都是在变换域进行的,其变换技术包括离散傅里叶变换(DFT)、离散余弦变换(DFT)、离散小波变换(DWT)和离散哈达玛特变换(DHT)等。这些变换技术都有各自的特点。

DFT 在信号处理中有着广泛应用,在信息隐藏领域也同样得到了应用。它将图像分割成多个感觉频段,然后选择合适部分来嵌入秘密信息。DCT 使空间域的能量重新分布,从而降低了图像的相关性。在 DCT 域中嵌入信息的方法,通常是在一个图像块中调整两个(或多个)DCT 系数的相对大小。DWT 是对图像的一种多尺度的空间频率分解,即将输入信号分解为低分辨率参考信号和一系列细节信号。在一个尺度下,参考信号和细节信号包含了完全恢复上一尺度下信号的全部信息。

3. 扩频技术

当对伪装对象进行过滤操作时可能会消除秘密信息,解决的方法就是重复编码,即扩展隐藏信息。在整个伪装载体中多次嵌入一个比特,使得隐藏信息在过滤后仍能保留下来,这种方法虽然传输效率不高,但却具有较好的健壮性。

扩频技术一般是使用比发送的信息数据速率高许多倍的伪随机码,将载有信息数据的基带信号频谱进行扩展,形成宽带低功率谱密度信号。最典型的扩频技术,为直序扩频和跳频扩频。直序扩频是在发端直接用具有高码率的扩频编码去扩展信号的频谱,而在接收端用相同的扩频编码解扩,将扩频信号还原为原始信号。跳频扩频是在发端将信息码序列与扩频码序列组合,然后按照不同的码字去控制频率合成器,使输出频率根据码字的改变而改变,形成频率的跳变;在接收端为了解跳频信号,要用与发端完全相同的本地扩频码发生器去控制本地频率合成器,从中恢复出原始信息。

6.5 信息隐藏的对抗技术

研究信息隐藏,就必须研究其对立面,即信息的对抗。信息隐藏的对抗技术也随着水印技术和隐密技术的进步不断更新,矛盾的双方在对抗中互相促进,同步得到发展。信息对抗研究的意义在于,一方面可以促使信息隐藏技术被合法使用,另一方面可以进一步促进隐藏算法的深入研究,无论是水印技术还是隐密技术,都在与各种攻击技术的对抗中获得进步。

1. 隐密分析

目前的隐密分析技术主要分为三类,即感官攻击、结构攻击和统计攻击。

(1)感官攻击。感官攻击包括视觉攻击和听觉攻击。是指利用人类感官对媒体模式失真和噪声的辨识能力来判断是否含有隐密信息的一类方法。虽然隐密算法的首要任务就是要使得载体在隐藏信息前后不能被人类的感官察觉,但是由于隐密信息与隐密区域的统计特性不一致,往往会使载体与隐密载体之间产生较大的感官差异,如图像的色彩变化、噪声强度变化等。

(2)结构攻击。结构攻击是指利用由于信息的隐藏而造成载体原有结构的破坏或特殊结构的引入来判断是否含有隐密信息的一类方法。比如正常的图像调色板结构中没有或很少有颜色的聚集,但有些隐密算法为了避免视觉攻击,隐藏信息时对调色板进行了缩减、排序等调整,使得调色板中产生大量颜色聚集。

(3)统计攻击。统计攻击是指利用特征样本分布和理论期望分布的差异性,从而给出含有隐密信息概率的一种分析方法。统计攻击的关键问题是如何得到原始载体数据的理论期望分布,因为由于基于不同格式载体的隐密方法多种多样,所以对他们进行统计攻击的具体方法也不同。

2. 水印攻击

水印攻击方法可以分为四大类:稳健性攻击、表达攻击、解释攻击、合法攻击。

(1)稳健性攻击。稳健性攻击是最常用的攻击方法,它主要攻击健壮性的数字水印。目的在于除去数据中的水印而不影响图像的使用,比如对图像的一些常用的无恶意的处理方法,如压缩、滤波、缩放、打印和扫描等。常见的稳健性攻击可以分为两种:有损压缩、信号处理技术。

(2)表达攻击。表达攻击并不需要除去数字产品中的水印,它是通过操纵内容从而使水印检测器无法检测到水印的存在。这类攻击的一个特点是水印实际上还存在于图像中,但水印检测器已不能提取水印或不能检测水印的存在。几何变换在数字水印攻击中扮演了重要的角色,而且许多数字水印算法都无法抵抗某些重要的几何攻击。常见的几何变换有:水平翻转、剪切、旋转、缩放、行/列删除、变通几何变换、打印——扫描处理和随机几何变形。

(3)解释攻击。解释攻击既不试图擦除水印,也不试图使水印检测无效,而是试图对水印的所有权产生争议,比如一个攻击者试图在一个嵌入了水印的图像中再次嵌入另一个水印,所以导致了所有权的争议。

(4)合法攻击。合法攻击也称法律攻击。它与前三种攻击不同,前三种攻击可以称为技术性攻击,而合法攻击可能包括现有的及将来的有关版权和有关数字信息所有权的法案,因为在不同的司法权限中,这些法律可能有不同的解释。如攻击者希望在法庭上利用此类攻击,它们的攻击是在水印方案所提供的技术或科学证据之外而进行的。

6.6 信息隐藏典型算法

目前信息隐藏最经典的算法有以下几种：

1. 空域隐藏算法

最低比特位(the Least Signifieant Bits,LSB)算法：一种典型的空域算法，它通过调整伪装载体某些像素数据的最低 1 位～2 位有效位来隐藏信息，致使所隐藏的信息在视觉和听觉上很难被发现。提取过程中所选择的秘密载体元素的 LSB 并作适当排序以重构秘密消息。

使用 LSB 算法的隐藏软件有：stegoDos、Mandezsteg、Ezste-90、Hideand-Seek、Hide4PGp、WhiteNoiseStorm 和 Steganos 等。在这类隐藏方法中使用的图像格式通常是无损的，数据可以直接处理和恢复。

空域类算法在隐秘术中是常见的，并较易应用在图像和声音中。只需对隐秘载体作很小的、不易察觉的改变就能隐藏很大的信息量，且计算速度通常比较快，不需要原始图像就能提取隐藏信息。但从基本原理上看，该算法所隐藏的信息是极为脆弱的，抵抗图像的几何变形、噪声和图像压缩的能力较差，若载体图像受到小的改变，隐藏信息就很可能丢失。

2. 离散余弦域信息隐藏算法

离散余弦域类算法通常将图像分割成为 8×8 的不重叠的像块，经 DCT 变换后，对其部分交流系数进行调整并嵌入隐藏信息。不同的应用场合有不同的要求，对于 DCT 域系数的选取也不相同，因为若将水印嵌入高频系数中，不可感知性好，但由于高频系数对常见信号处理和噪声比较敏感，故水印的鲁棒性较差；感觉上不可缺失的分量将是图像信号的主要成分，且携带较多的信号能量，在图像有一定失真的情况下，仍能保留其主要成分，而绝大部分能量聚集在低频部分。因此，要提高水印的鲁棒性，应将水印放在感觉上最重要的分量上对应于 DCT 域的低频系数；但是为保证不可感知性，对感觉上重要分量的改变只能很小。

考虑到要减少嵌入信息对图像主观质量的影响、尽量避免有损压缩可能造成的损害以及嵌入水印信息的信息量，还有一些算法采用折中方法，其嵌入点选择的是中频系数。隐藏图像位替换 DCT 系数的 LSB 位。为保证不可见性，将 DCT 域嵌入水印后的图像又在空间域做一些修正。

3. 离散小波(DwT)域信息隐藏算法

离散小波(DwT)域信息隐藏算法和离散余弦域的信息隐藏技术类似，小波域中的信息隐藏技术也是近年来的研究热点之一。这一方面是因为小波理论本身的研究日趋成熟和完善,另一方面则是小波多分辨分析方法的应用愈来愈广泛,尤其是在数字化多媒体信息处理方面有着相当好的时频特性。在小波域内的信息隐藏,可以充分利用人类的视觉模型(Human VisionSystem)和听觉模型(Human Audition System)的一些特性,使嵌入信息的隐蔽性和鲁棒性得以改善。

离散小波域算法通过多分辨率分析的小波分解,将载体信号分解到对数间隔的子频带中(这些子带与人眼的视觉特性很接近,因此便于实现对人眼视觉匹配的处理),然后对载体图像在每个分辨率等级上进行分割,形成互不相交的像块,在对各像块按照对视觉效果影响的程度嵌入相应比例的水印信号,最后,对嵌入水印后的小波与图像进行小波反变换,得到隐秘载体图像。

4. 变换域类算法

变换域类算法比空间域算法具有更强的鲁棒性,对图像压缩、常用的图像滤波以及噪声均有一定的抵抗力,并且一些算法还结合了当前的图像和视频压缩标准(如 JPEG、MPEG 等),具有很大的实际意义。

由信息隐藏的基本原理可知,信息隐藏技术和人眼视觉系统紧密关联。在进行图像隐藏处理时,要通过人眼来判断被隐藏信息的可靠性,即利用人眼的视觉系统特性,来考察信息的嵌入是否影响原始载体图像的视觉感知效果;同时,提高信息隐藏鲁棒性的一个有效途径,是利用人眼的视觉特性,即在满足不被感知的前提下,合理分配信息隐藏信息的能量,尽可能的提高嵌入信息的强度。因此,有必要研究人类视觉系统的特性,从而在进行信息隐藏处理时,把它作为整个处理系统的一个环节来考虑。

6.7　信息隐藏技术的应用

目前信息隐藏技术主要应用于军事情报、医疗系统、公安系统、安全部门、银行系统、通信等领域。军队和情报部门需要隐蔽通信,伪装式隐蔽通信可以达到不被敌方检测和破坏的目的;医学上将患者的姓名嵌入到图像数据中,可以解决名、图弄错的问题;非法组织的交易,通信处于警察和安全部门的监控之下,为了不被发现,需要采取手段逃避监视。

在信息安全领域中,信息隐藏技术的应用可归结为下列几个方面。

1. 数字知识产权保护

知识产权保护是信息隐藏技术中数字水印技术和数字指纹技术所力图解决的重要问题,信息隐藏技术的绝大部分研究成果都是在这一应用领域中取得的。当发现数字产品在非法传播时,可以通过提取出的水印代码追查非法散播者其主要特点是版权保护所需嵌入的数据量小,对签字信号的安全性和鲁棒性要求很高。

2. 数据完整性鉴定

使用数字水印技术有一定的缺陷,用于数字水印技术保护的媒体一旦被篡改水印就会被破坏,从而很容易被识别,在数字票据中隐藏的水印经过打印后仍然存在,可以通过再扫描回数字形式,提取防伪水印以证实票据的真实性。

数据保护主要是保证传输信息的完整性。由于隐藏的信息是被藏在宿主图像等媒体的内容中,而不是文件头等处,因而不会因格式的变换而遭到破坏。同时隐藏的信息具有很强的对抗非法探测和非法破解的能力,可以对数据起到安全保护的作用。对于数据完整性的验证是要确认数据在网上传输或存储过程中并没有被窜改。通过使用脆弱水印技术保护的媒体一旦被窜改就会破坏水印,从而很容易被识别。

3. 数据保密

在网络上传输秘密数据要防非法用户的截获和使用,随着信息技术的发展以及经济的全球化,这一点不仅涉及政治、军事领域,还将涉及到商业、金融机密等诸多领域。

在具体电子商务活动中,数据在 Internet 上进行传输一定要防止非授权用户截获,如敏感信息,谈判双方的秘密协议和合同,网上银行交易中的敏感数据信息,重要文件的数字签名和个人隐私等。另外,还可以对一些不愿被别人所知道的内容使用信息隐藏的方式进行隐藏存储。

信息隐藏技术在军事上的应用,可以将一些不愿为人所知的重要标识信息用信息隐藏的方式进行隐蔽存储,像军事地图中标明的军备部署、打击目标,卫星遥感图像的拍摄日期、经纬度等,都可用隐藏标记的方法使其以不可见的形式隐藏起来,只有掌握识别软件的人才能读出标记所在。

4. 资料不可抵赖性的确认

在网上交易中,交易双方的任何一方不能抵赖自己曾经做出的行为,也不能否认曾经接收到对方的信息,这是交易系统中一个重要环节。这可以使用信息隐藏技术,在交易体系的任何一方发送和接收信息时,将各自的特征标记形式加入到传递的信息中,这些标记应是不能被去除的,从而达到确认其行为的目的。

5. 防伪

商务活动中的各种票据的防伪也是信息隐藏技术的用武之地。在数字票据中隐藏的水印经过打印后仍然存在,可以通过再扫描回数字形式,提取防伪水印,以证实票据的真实性。

6. 数据免疫

所谓免疫是指不因宿主文件经历了某些变化或处理而导致隐藏信息丢失的能力。某些变化和处理包括：传输过程中的信道噪声干扰，过滤操作，再取样，再量化，数/模、模/数转换，无损、有损压缩，剪切，位移等。

信息隐藏（Information Hiding）技术依据传统加密技术的不足而提出的。信息隐藏技术是一种主动防御技术，它将机密信息隐藏在可公开传输的载体中，利用人眼的误差，从而实现信息的传送。信息隐藏的优势在于非法截获者很难判断传送的公开信息中是否含有秘密信息；而加密技术则是被动防御技术，相当于告诉非法利用者这就是秘密信息，只要你能将其破解。因此在不引人注目方面，信息隐藏技术更胜一筹。

目前信息隐藏技术已经发展到了一个相对比较成熟的阶段，国际上先进的信息隐藏技术已能做到隐藏的信息可以经受人的感觉检测和仪器的检测，并能抵抗一些人为的攻击。但总的来说，信息隐藏技术尚没有发展到可实用的阶段，大量的实际问题亟待解决。

信息隐藏是一项崭新的技术领域，也是多媒体技术、网络技术研究的前沿，应用前景十分广阔，必将吸引广大图像、语音、网络、人工智能等领域的研究者加入到研究的行列，从而推动信息安全技术更快的发展。

第 7 章　云计算与云存储

云计算(Cloud Computing)是当今 IT 界的热门技术,利用云计算网络服务提供者可以在瞬间处理海量信息,实现和超级计算机同样强大的效能,同时用户可以按需弹性地使用这些资源和服务,从而实现将计算作为一种公用设施来提供的梦想。随着科技的快速发展,云存储已经成为人们越来越关注的一个概念,它可以在最大程度上给人们节约存储成本,并且能够提供安全、可靠的服务。云计算的一个关键问题就是数据如何存储在云端。云计算的推广应用不可避免需要云存储来实现对云端信息提供存储保障。所以,云存储其实是社会发展、技术发展的一个必然趋势。

7.1　云计算概述

云计算技术在网络服务中已经随处可见,例如搜寻引擎、网络信箱等,使用者只要输入简单指令即能得到大量信息。未来如手机、GPS 等行动装置都可以透过云计算技术,发展出更多的应用服务。

7.1.1　云计算概念

云计算是一种基于因特网的超级计算模式,是分布式计算技术的一种,它将计算任务分布在大量计算机构成的资源池上,使各种应用系统能够根据需要获取计算力、存储空间和各种软件服务。在远程的数据中心里,成千上万台计算机和服务器连接成一片计算机云。因此,云计算甚至可以让你体验每秒 10 万亿次的运算能力,拥有这么强大的计算能力可以模拟核爆炸、预测气候变化和市场发展趋势。用户通过计算机、笔记本电脑、手机等方式接入数据中心,按自己的需求进行运算。

狭义的云计算是指 IT 基础设施的交付和使用模式,指通过网络以按需、易扩展的方式获得所需的资源(硬件、平台、软件)。提供资源的网络被称为"云"。"云"中的资源在使用者看来是可以无限扩展的,并且可以随时获取,按需使用,随时扩展,按使用付费。这种特性经常被称为像水电一样使用 IT 基础设施,比如亚马逊数据仓库出租生意。广义的云计算指厂商通过建立网络服务器集群,向各种不同类型客户提供在线软件服务、硬件租借、数据存储、计算分析等不同类型的服务。

广义的云计算是指服务的交付和使用模式,指通过网络以按需、易扩展的方式获得所需的服务。这种服务可以是 IT 和软件、互联网相关的,也可以是任意其他的服务。例如国内用友、金蝶等管理软件厂商推出的在线财务软件,谷歌发布的 Google 应用程序套装等。

IBM 的创立者托马斯·沃森曾表示,全世界只需要 5 台计算机就足够了。比尔·盖茨则在一次演讲中称,个人用户的内存只需 640K 足矣。李开复打了一个很形象的比喻:钱庄。最早人们只是把钱放在枕头底下,后来有了钱庄,很安全,不过兑现起来比较麻烦。现在发展到银行可以到任何一个网点取钱,甚至通过 ATM,或者国外的渠道。就像用电不需要家家装备发电机,直接从电力公司购买一样。云计算就是这样一种变革——由谷歌、IBM 这样的专业网络公司来搭建计算机存储、运算中心,用户通过一根网线借助浏览器就可以很方便地访问,把"云"做为资料存储以及应用服务的中心。

7.1.2 云计算的原理

云计算是分布式处理(Distributed Computing)、并行处理(Parallel Computing)和网格计算(Grid Computing)的发展,或者说是这些计算机科学概念的商业实现。

云计算的基本原理是,计算分布在大量的分布式计算机上,而非本地计算机或远程服务器中,企业数据中心的运行将更与互联网相似。这使得企业能够将资源切换到需要的应用上,根据需求访问计算机和存储系统。这可是一种革命性的举措,打个比方,这就好比是从古老的单台发电机模式转向了电厂集中供电的模式。它意味着计算能力也可以作为一种商品进行流通,就像煤气、水电一样,取用方便,费用低廉。最大的不同在于,它是通过互联网进行传输的。云计算的蓝图已经呼之欲出:在未来,只需要一台笔记本电脑或者一个手机,就可以通过网络服务来实现我们需要的一切,甚至包括超级计算这样的任务。从这个角度而言,最终用户才是云计算的真正拥有者。

云计算的应用包含这样的一种思想,把力量联合起来,给其中的每一个成员使用。

7.1.3 云计算的优势

云计算技术将使得中小企业的成本大大降低。如果说"云"给大型企业的 IT 部门带来了实惠,那么对于中小型企业而言,它可算得上是上天的恩赐了。过去,小公司人力资源不足,IT 预算吃紧,那种动辄数百万美元的 IT 设备所带来的生产力对它们而言真是如梦一般遥远,而如今,"云"为它们送来了大企业级的技术,并且先期成本极低,升级也很方便。这一新兴趋势的重要性毋容置疑,不过,它还仅仅是一系列变革的起步阶段而已。云计算不但抹平了企业规模所导致的优劣差距,而且极有可能让优劣之势易主。简单地说,当今世上最强大最具革新意义的技术已不再为大型企业所独有。"云"让每个普通人都能以极低的成本接触到顶尖的 IT 技术。

目前,PC 依然是我们日常工作生活中的核心工具,我们用 PC 处理文档、存储资料,通过电子邮件或 U 盘与他人分享信息。如果 PC 硬盘坏了,我们会因为资料丢失而束手无策。而在云计算时代,"云"会替我们做存储和计算的工作。"云"就是计算机群,每一群包括了几十万台、甚至上百万台计算机。"云"的好处还在于,其中的计算机可以随时更新,保证"云"长生不老。Google 就有好几个这样的"云",其他 IT 巨头,如微软、雅虎、亚马逊(Amazon)也有或正在建设这样的"云"。届时,我们只需要一台能上网的计算机,不需关心存储或计算发生在哪朵"云"上,但一旦有需要,我们可以在任何地点用任何设备,如电脑、手机等,快速地计算和找到这些资料,同时再也不用担心资料丢失。

广东电子工业研究院自主研发的"云计算"平台已投入试运营,该项目投资 2 亿元,以云计算技术为核心构建一个支撑互联网信息服务业创新的低成本试验和运营环境,提供可重复利用并且高度可扩展的互联网业务共性支撑服务。该平台建设完成后,有利于在国内形成包括设备供应商、云计算平台运营商、服务提供商、用户在内的整个云计算产业链。平台先期成本极低,可以减轻大企业以前动辄数百万美元的 IT 设备费用,并且能很好的保证网络上的资料安全。黄铠表示,"云计算"可以提高信息的使用率、效率、容错。由于网络上的错误,或者母机器坏,网络上资料的共享服务就中断了,而现在的"云计算"可以在短暂的时间里恢复,不中断。另外,"云计算"的好处还在于其中的计算机可以随时更新,保证"云计算"长生不老。

将云计算的优势归纳一下有这么几方面:

(1)安全。云计算提供了最可靠、最安全的数据存储中心,用户不用再担心数据丢失、病毒入侵等麻烦。

(2)方便。它对用户端的设备要求最低,使用起来很方便。

(3)数据共享。它可以轻松实现不同设备间的数据与应用共享。

(4)无限可能。它为我们使用网络提供了几乎无限多的可能。

7.2 云计算的关键技术与应用

7.2.1 云计算的关键技术

云计算是分布式处理、并行计算和网格计算等概念的发展和商业实现,其技术实质是计算、存储、服务器、应用软件等 IT 软硬件资源的虚拟化,云计算在虚拟化、数据存储、数据管理、编程模式等方面具有自身独特的技术。云计算的关键技术包括以下几方向。

(1)虚拟化技术。服务器虚拟化是云计算底层架构的重要基石。在服务器虚拟化中,虚拟化软件需要实现对硬件的抽象,资源的分配、调度和管理,虚拟机与宿主操作系统及多个虚拟机间的隔离等功能,目前典型的实现有 Citrix Xen、VMware ESX Server 和 Microsoft Hype-V 等。

(2)数据存储技术。云计算系统需要同时满足大量用户的需求,并行地为大量用户提供服务。因此,云计算的数据存储技术必须具有分布式、高吞吐率和高传输率的特点。目前数据存储技术主要有 Google 的 GFS(Google File System)以及 HDFS(Hadoop Distributed File System)。

(3)数据管理技术。云计算的特点是对海量的数据存储、读取后进行大量的分析,如何提高数据的更新速率以及进一步提高随机读速率是未来的数据管理技术必须解决的问题。云计算的数据管理技术最著名的是谷歌的 BigTable 数据管理技术,同时 Hadoop 开发团队正在开发类似 BigTable 的数据管理模块。

(4)分布式编程与计算。为了使用户能更轻松的享受云计算带来的服务,让用户能利用该编程模型编写简单的程序来实现特定的目的,云计算上的编程模型必须十分简单。必须保证后台复杂的并行执行和任务调度向用户和编程人员透明。

(5)云计算平台管理技术。云计算资源规模庞大,服务器数量众多并分布在不同的地点,同时运行着数百种应用,如何有效的管理这些服务器,保证整个系统提供不间断的服务是巨大的挑战。云计算系统的平台管理技术能够使大量的服务器协同工作,方便的进行业务部署和开通,快速发现和恢复系统故障,通过自动化、智能化的手段实现大规模系统的可靠运营。

7.2.2　云计算的应用

本节介绍几款主流的云计算应用。

(1)微软云计算。目前来看微软的云计算发展最为迅速。微软将推出的首批软件即服务产品包括 Dynamics CRM Online、Exchange Online、OfficeCommunications Online 以及 SharePointOnline。每种产品都具有多客户共享版本,其主要服务对象是中小型企业。单客户版本的授权费用在 5,000 美元以上。针对普通用户,微软的在线服务还包括 Windows Live、Office Live 和 Xbox Live 等。

(2)IBM 云计算。IBM 是最早进入中国的云计算服务提供商。中文服务方面做得比较理想，对于中国的用户应是一个不错的选择。2007 年，IBM 公司发布了蓝云(BlueCloud)计划，这套产品将"通过分布式的全球化资源让企业的数据中心能像互联网一样运行"。以后 IBM 的云计算将可能包括它所有的业务和产品线。

（3）亚马逊云计算。亚马逊作为首批进军云计算新兴市场的厂商之一，为尝试进入该领域的企业开创了良好的开端。亚马逊的云名为亚马逊网络服务(Amazon WebServices，下称 AWS)，目前主要由 4 块核心服务组成：简单存储服务(Simple StorageService，S3)；弹性计算云(Elastic Compute Cloud，EC2)；简单排列服务(Simple QueuingService)以及尚处于测试阶段的 SimpleDB。换句话说，亚马逊现在提供的是可以通过网络访问的存储、计算机处理、信息排队和数据库管理系统接入式服务。

（4）谷歌云计算。围绕因特网搜索创建了一种超动力商业模式。如今，他们又以应用托管、企业搜索以及其他更多形式向企业开放了他们的"云"。谷歌推出了谷歌应用软件引擎(Google AppEngine，GAE)，这种服务让开发人员可以编译基于 Python 的应用程序，并可免费使用谷歌的基础设施来进行托管(最高存储空间达 500MB)。对于超过此上限的存储空间，谷歌按"每 CPU 内核每小时"10 美分～12 美分及 1GB 空间 15 美分～18 美分的标准进行收费。谷歌还公布了提供可由企业自定义的托管企业搜索服务计划。

（5）红帽云计算服务。红帽是云计算领域的后起之秀。红帽提供的是类似于亚马逊弹性云技术的纯软件云计算平台。它的云计算基础架构平台选用的是自己的操作系统和虚拟化技术，可以搭建在各种硬件工业标准服务器(HP、IBM、DELL 等等)和各种存储(EMC、DELL、IBM、NetAPP 等)与网络环境之中。表现为与硬件平台完全无关的特性，给客户带来灵活和可变的综合硬件价格优势。红帽的云计算平台可以实现各种功能服务器实例。

7.3　云计算的形式与面临问题

7.3.1　云计算的几大形式

（1）SAAS(软件即服务)。这种类型的云计算通过浏览器把程序传给成千上万的用户。在用户眼中看来，这样会省去在服务器和软件授权上的开支；从供应商角度来看，这样只需要维护一个程序就够了，这样能够减少成本。Salesforce.com 是迄今为止这类服务最为出名的公司。SAAS 在人力资源管理程序和 ERP 中比较常用。Google Apps 和 Zoho Office 也是此类似的服务。

(2)实用计算(Utility Computing)。此概念出现较早但是直到最近才在 Amazon. com、Sun、IBM 和其他提供存储服务和虚拟服务器的公司中应用。这种云计算通过为 IT 行业创造虚拟的数据中心,使得其能够把内存、I/O 设备、存储和计算能力集中起来成为一个虚拟的资源池来为整个网络提供服务。

(3)网络服务。同 SAAS 关系密切,网络服务提供者们能够提供 API 让开发者能够开发更多基于互联网的应用,而不是提供单机程序。

(4)平台即服务。另一种 SAAS,这种形式的云计算把开发环境作为一种服务来提供。你可以使用中间商的设备来开发自己的程序并通过互联网和其服务器传到用户手中。

(5)MSP(管理服务提供商)。最古老的云计算运用之一。这种应用更多的是面向 IT 行业而不是终端用户,常用于邮件病毒扫描、程序监控等。

(6)商业服务平台。SAAS 和 MSP 的混合应用,如 www. cloudcomputing-china. cn,该类云计算为用户和提供商之间的互动提供了一个平台。比如用户个人开支管理系统,能够根据用户的设置来管理其开支并协调其订购的各种服务。

(7)互联网整合。将互联网上提供类似服务的公司整合起来,以便用户能够更方便的比较和选择自己的服务供应商。

7.3.2 云计算技术发展面临的问题

尽管云计算模式具有许多优点,但是也存在的一些问题,如数据隐私问题、安全问题、软件许可证问题、网络传输问题等。

(1)数据隐私问题。数据隐私是指如何保证存放在云服务提供商的数据隐私不被非法利用,这不仅需要技术的改进,也需要法律的进一步完善。

(2)数据安全性问题。有些数据是企业的商业机密,数据的安全性关系到企业的生存和发展。云计算数据的安全性问题能否解决将影响云计算在企业中的应用。

(3)用户使用习惯。如何改变用户的使用习惯,使用户适应网络化的软硬件应用是长期而艰巨的挑战。

(4)网络传输问题。云计算服务依赖于网络,目前网速低且不稳定,使云应用的性能不高。云计算的普及依赖于网络技术的发展。

7.4　云存储技术

在信息爆炸的今天,企业的数据量越来越大,存储需求越来越大,传统存储模式已经无法适应企业的存储需求。云存储是整个存储业发展的趋势,全球数据量的猛增使得存储日益成为一个更独立的专业问题,越来越多的企业开始将存储作为单独的项目进行管理。同时,持续增长的数据存储压力带动着整个存储市场的快速发展。

7.4.1 云存储概念

云存储的概念与云计算类似,它是指通过集群应用、网格技术或分布式文件系统等功能,将网络中大量各种不同类型的存储设备通过应用软件集合起来协同工作,共同对外提供数据存储和业务访问功能的一个系统。

云存储是在云计算概念上延伸和发展出来的一个新的概念,是指通过集群应用、网格技术或分布式文件系统等功能,将网络中大量各种不同类型的存储设备通过应用软件集合起来协同工作,共同对外提供数据存储和业务访问功能的一个系统。用户使用云存储,并不是使用某一个存储设备,而是使用整个云存储系统带来的一种数据访问服务。所以严格来讲,云存储不是存储,而是一种服务。就如同云状的广域网和互联网一样,云存储对使用者来讲,不是指某一个具体的设备,而是指一个由许许多多个存储设备和服务器所构成的集合体。云存储的核心是应用软件与存储设备相结合,通过应用软件来实现存储设备向存储服务的转变。

云存储是云计算中的核心研究领域,主要解决云计算中的数据存储与管理问题。目前,众多巨头们都在大力开发云存储技术及产品。例如,Google 一直致力于推广以 GFStll、BigTablet2 等技术为基础的应用引擎,为用户进行海量数据处理提供了应用平台。

云存储(Cloud Storage)这个概念一经提出,就得到了众多厂商的支持和关注。Amazon 在两年前就推出的 Elastic Compute Cloud(EC2:弹性计算云)云存储产品,旨在为用户提供互联网服务的同时提供更强的存储和计算功能。内容分发网络服务提供商 CDNetworks 和业界著名的云存储平台服务商 Nirvanix 发布了一项新的合作,并宣布结成战略伙伴关系,以提供业界目前唯一的云存储和内容传送服务集成平台。半年以前,微软就已经推出了提供网络移动硬盘服务的 WindowsLive SkyDrive Beta 测试版。近期,EMC 宣布加入"道里"可信基础架构项目,致力于云计算环境下关于信任和可靠度保证的全球研究协作,IBM 也将云计算标准的研究作为全球备份中心的 3 亿美元扩展方案的一部分。

7.4.2 云存储系统结构模型

云存储不仅仅是一个硬件,而是一个网络设备、存储设备、服务器、应用软件、公用访问接口、接入网、和客户端程序等多个部分组成的复杂系统。各部分以存储设备为核心，通过应用软件来对外提供数据存储和业务访问服务。云存储系统的四层组成结构模型如下图 7.1 所示。

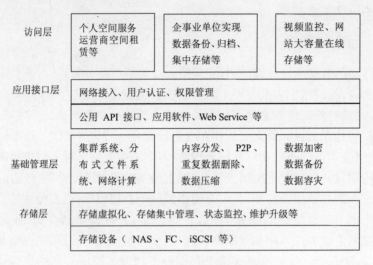

图 7.1 云存储系统的结构模型

1. 存储层

存储层是云存储最基础的部分。存储设备可以是 FC 光纤通道存储设备，可以是 NAS 和 iSCSI 等 IP 存储设备，也可以是 SCSI 或 SAS 等 DAS 存储设备。云存储中的存储设备往往数量庞大且分布于不同地域，彼此之间通过广域网、互联网或者 FC 光纤通道网络连接在一起。

存储设备之上是一个统一存储设备管理系统，可以实现存储设备的逻辑虚拟化管理、多链路冗余管理，以及硬件设备的状态监控和故障维护。

2. 基础管理层

基础管理层是云存储最核心的部分，也是云存储中最难以实现的部分。基础管理层通过集群、分布式文件系统和网格计算等技术，实现云存储中多个存储设备之间的协同工作，使多个的存储设备可以对外提供同一种服务，并提供更大更强更好的数据访问性能。

CDN 内容分发系统、数据加密技术保证云存储中的数据不会被未授权的用户所访问，同时，通过各种数据备份和容灾技术和措施可以保证云存储中的数据不会丢失，保证云存储自身的安全和稳定。

3. 应用接口层

应用接口层是云存储最灵活多变的部分。不同的云存储运营单位可以根据实际业务类型,开发不同的应用服务接口,提供不同的应用服务。比如视频监控应用平台、IPTV 和视频点播应用平台、网络硬盘应用平台,远程数据备份应用平台等。

4. 访问层

任何一个授权用户都可以通过标准的公用应用接口来登录云存储系统,享受云存储服务。云存储运营单位不同,云存储提供的访问类型和访问手段也不同。

从上面的云存储结构模型可知,云存储系统是一个多设备、多应用、多服务协同工作的集合体,它的实现要以多种技术的发展为前提。目前云存储实现系统有两个:一是 GFS(Google File System),由 Google 开发并实际应用于 Google 的云服务中;二是 HDFS(Hadoop Distributed File System),由 Hadoop 团队使用 Java 实现了 GFS 的分布式文件系统,一些 IT 厂商已采用了 HDFS 的数据存储技术。

参考云状的网络结构,创建一个新型的云状结构的存储系统,这个存储系统由多个存储设备组成,通过集群功能、分布式文件系统或类似网格计算等功能联合起来协同工作,并通过一定的应用软件或应用接口,对用户提供一定类型的存储服务和访问服务。云状存储系统中的所有设备对使用者来讲都是完全透明的,任何地方的任何一个经过授权的使用者都可以通过一根接入线缆与云存储系统连接,对云存储系统进行数据访问。

7.5　云存储中的访问控制技术

目前,很多著名的 IT 企业都推出了云存储服务。亚马逊(Amazon)的 Simple Storage Service(S3)是云存储系统的典型代表,它通过互联网向用户提供了一个高可靠、可伸缩、易用且廉价的数据存储环境,是云存储服务发展的一个里程碑。用户可以在任何时间、任何地点上传或者下载数据,或者在其他云计算服务(例如亚马逊的弹性云计算服务)中使用已在 S3 中存储的数据。

谷歌的 Google Storage 是一个面向开发者的云存储服务,它也提供了与亚马逊 S3 服务类似的访问接口。微软通过其 Windows Azure 云计算操作系统提供云存储服务。其他的云存储平台还有 CTERA Portal、Cloud Files、Nirvanix、开源项目 Hadoop File System、CloudStore 和 IBM 的"蓝云"平台等。

下面将以亚马逊 S3、微软 Windows Azure 和谷歌的 Google Storage 这三种典型的云存储服务为例进行研究。

7.5.1 服务接口

三种典型的云存储服务都采用两层的方式来组织存储,每个要存储的对象都必须存储在一个存储桶(亚马逊 S3 和谷歌的 Google Storage 称之为 Bucket,微软 Windows Azure 称之为 Container)中。存储桶的名字在云存储中是不允许重复的,它用来分辨用户账号以便收费、实施访问控制,同时也是使用报告的组织单元。

云存储服务提供了对存储桶和存储对象的基本操作功能,但是在不同应用领域中,存储的需求千差万别,用户和开发者的使用习惯也各不相同,因此,云服务接口一般会提供通用的访问接口,例如亚马逊 S3 就提供了 REST(Representational State Transfer)和 SOAP(Simple Object Access Protocol)两个接口。此外一些项目针对某些特殊的应用需求,在通用访问接口的基础上提供封装的更为友好的云服务接口工具,例如 JetS3t 项目组针对 S3 开发的存储内容管理工具 Cockpit。表 7.1 列出了三种典型云存储服务所支持的服务接口和官方所提供的用于开发的客户端类库的类型。

表 7.1　云存储服务接口对比

云存储服务	接口类型	客户端类库
S3	REST 接口 SOAP 接口	Java、PHP、Ruby、Windows、. NET
Windows Azure	REST 接口	. Net Managed Library、Native Library
Google Storage	REST 接口	Python

可以看出 REST 是目前比较通用的接口提供形式。REST 是 Roy Fielding 博士在 2000 年提出来的一种针对网络应用的设计和开发方式。它基于 HTTP 协议,比 SOAP 和 XML—RPC 更加简洁,可以降低开发的复杂性,提高系统的可伸缩性。因此,越来越多的网络服务开始采用 REST 风格进行设计和实现。S3 的身份鉴别和访问控制方式在 REST 和 SOAP 两种接口上基本相同,而且它们都通过 HTTP 协议进行交互。

7.5.2 云存储中的身份鉴别

三种典型的云存储服务采用基于秘密访问密钥的身份鉴别方式:云存储服务为每个用户分配一个秘密访问密钥和一个用户标识;当用户访问云存储服务时,首先要生成请求报文,然后利用秘密访问密钥采用某种 HMAC 对请求报文进行签名,并将该签名和访问密钥唯一标识一起附加到请求报文中;云存储服务在处理请求前,会对该签名进行验证。

由于服务接口基于 HTTP 协议,三种云存储服务的所采用的签名算法的签名内容都为 HTTP 请求的请求头中的某些字段,另外还对 HTTP 请求进行了扩展,在 HTTP 请求头中添加一些自定义的字段用于实现特定的操作。表 7.2 中对这三种云存储服务的认证方式进行了对比,可以看出它们在对用户进行身份鉴别时都需要包含一个 UTC 时间戳,以防止重放攻击。不过 Windows Azure 采用的签名算法为 HMAC－SHA256,而 S3 和 Google Storage 采用的签名算法为 HMAC－SHA1。并且它们进行签名的内容也不尽相同,Windows Azure 中包含更多的 HTTP 头部的字段,能够提供更高的安全性,但是同时也提高了计算的复杂度。

三种云存储服务的身份鉴别方式对比如表 7.2 所列。

表 7.2　身份鉴别方式对比

比较项	S3	Windows Azure	Google Storage
签名算法	HMAC-SHA1	HMAC-SHA256	HMAC-SHA1
时间戳	必须包含 UTC 时间戳	必须包含 UTC 时间戳	必须包含 UTC 时间戳
用户标识	AWS Access Key ID,20 个字符	用户名,长度不定	Google Storage-access-key,20 个字符
签名附加格式	AUTBORIZATION:AWS 用户标识:签名值	AUTBORIZATION:SharedKey 用户标识:签名值	AUTBORIZATION:GOOG1 用户标识:签名值
被签名内容	HTTP－Verb＋"\n"＋Content－MD5＋"\n"＋Content－Type"\n"＋时间戳＋"\n"＋规范化的扩展 HTTP 头＋规范化的资源标识	HTTP－Verb＋"\n"＋Content-Encading＋"\n"Content-Language"\n"Content-Length＋"\n"Content-MD5＋"\n"＋Content-Type"\n"＋时间戳＋"\n"If-Modified-Since＋"\n"If-None-Match＋"\n"If-Match＋"\n"if-Unmodified-Since＋"\n"Range＋"\n"＋规范化的扩展 HTTP 头＋规范化的资源标识	HTTP-Verb＋"\n"＋Content-MD5＋"\n"＋Content-Type"\n"＋时间戳＋"\n"＋规范化的扩展 HTTP 头＋规范化的资源标识

7.5.3 云存储中的授权

三种典型的云存储服务中,Google Storage 仅支持通过访问控制表来进行授权,而且能够赋予的权限层次比较简单,仅包括读、写和完全控制;S3 和 Windows Azure 的授权方式比较完善,并且存在较大差异,下面对它们分别进行描述。

1. S3 中的授权方式

在 S3 中用户可以通过使用"访问控制表(ACL)"或"存储桶策略"来对其他需要访问存储桶中数据或资源的用户进行授权。ACL 中包含一系列权限赋予项,这些权限赋予项包括允许某特定用户访问、允许所有用户访问或允许匿名访问,而能够赋予的权限有读、写(仅存储桶)、读访问控制策表、写访问控制表和完全控制。

存储桶策略在存储桶上对存储桶以及其内的对象进行授权控制,能够方便的对大量用户进行管理,并且可以禁止权限。

另外存储桶策略还可以限制多种访问条件,例如:操作方式、访问 IP 地址、时间、应用、对象前缀或扩展名等。

同时 S3 云存储服务还提供"查询字符串认证"(QueryString Authentication)的授权方式,使用该方式会生成一个带有签名的 URL,浏览器可以通过该 URL 直接访问需要认证的资源。为了保证安全,签名 URL 中放置有失效日期。

2. Windows Azure 中的授权方式

在 Windows Azure 中,不支持对单个对象设置访问控制表,只能在存储桶级别上设置访问控制策略。在存储桶上可以设置匿名用户对存储桶中及其内部所有内容的读权限,包括:完全的读权限、仅允许读权存储桶中的对象和没有读权限三种权限设置。

针对存储桶中的单个对象的访问控制,Azure 通过具有"共享访问签名"(Shared Access Signature)URL 来实现。类似于 S3 的"查询字符串认证",该方式会生成一个访问云存储中资源的 URL,通过该 URL 用户可以对云存储中存储的对象进行操作。不过共享访问签名的 URL 中同时还规定了用户能够进行的操作和权限生效的开始时间和结束时间,相对 S3 的查询字符串认证中仅有一个失效时间和仅允许读操作来说具有更多的灵活性。另外,共享访问签名可以绑定到一个访问策略上,开始时间、失效时间和权限这三个参数可以在共享访问签名中指定,也可以在访问策略中指定,但是只能指定一次,而且必须指定一次。

在访问策略中设置的参数可以随时进行修改,从而动态的修改或撤销已经发布的带有共享访问签名的 URL 所具有的的权限。每个容器在同一时刻最多可以拥有 5 个访问策略。

3. 签名 URL 方式的授权方案对比

S3 和 Windows Azure 都支持通过带有签名的 URL 来进行授权,不过也存在很大不同,如表 7.3 所列。

表 7.3　签名的 URL 方式对比

对比项	S3	Windows Azure
签名算法	HMAC-SHA1	HMAC-SHA256
有效期	仅包含一个失效时间	仅包含开始时间失效时间
对失效时间的限制	没有限制	没有绑定访问策略的签名最大允许有效期为 1 小时
包含权限	仅读权限	读、写、删、列表等
受控资源	存储桶中的一个对象	某个特定对象或者容器中的所有对象
撤销	过时效后自动撤销	和一个容器级别的访问策略相结合,可以随时撤销权限

7.5.4　云存储授权方案的讨论

对于身份鉴别,目前云存储都采用"你知道的事"(秘密访问密钥)的方式。这种身份鉴别方式对某些具有特殊安全需求的应用场景可能不够,进一步的研究方向是结合"你拥有的东西"和"你在哪里"进行多因素认证,例如为每个用户配置钥匙盘从而通过公钥算法进行用户身份鉴别,或者结合可信计算技术来识别用户访问云存储服务的终端。

对于授权,Google Storage 的授权方式较简单,Windows Azure 的授权方式能够撤销已经发布的权限,这方面具有较高的安全性,但是需要为对象生成一个带有签名的 URL 才能向其他用户发布该对象的权限,而获得该 URL 的用户都可以对云存储中的存储内容进行操作,虽然可以在发现该类 URL 泄露后进行权限撤销,但这仍存在一定的安全风险,而且撤销操作也将撤销合法用户的权限,因此不够灵活。而 S3 具有较灵活的授权方式,可以通过访问控制表的方式细粒度地控制每个对象的访问权限,而且可以通过存储桶策略来实现类似基于属性的访问控制,同时也支持通过具签名的 URL 来发布权限,不过这种权限一旦发布就不能撤销,只能等待权限到达失效期自动失效或者删除对象。

S3 和 Windows Azure 的授权方式在安全性和灵活性上各有长短,如果相互结合,可以实现更好的授权方案。

另外,由于云存储中存储的内容是由云存储服务提供商管理的,因此存在被其利用或泄露的可能,所以实际使用云存储服务时需要对存储的数据进行加密,而如何将加密技术和访问控制技术相结合,从而实现更加完善的访问控制方案也有待于进一步研究。

上面对亚马逊 Simple Storage Service(S3)、微软 Windows Azure 和谷歌的 Google Storage 这三种典型的云存储服务进行了介绍。通过对它们与访问控制相关的服务接口、身份鉴别方式和授权方式进行对比分析,可以看出目前较流行的云存储服务的在访问控制方式的安全性和灵活性上都还不够完善,有待于进一步的研究。

7.6　云存储的优势和安全性

传统的存储系统必须定期的维护和升级,在升级时,常用做法是先从旧的存储设备上备份文件,然后停机升级,换上新的存储设备,这必然导致服务的中止。而云存储并不是仅仅只依靠其中某一台存储服务器,因此当有某个存储服务器硬件的更新、升级时,系统会自动将旧的存储服务器上的动态文件迁移到其他的存储服务器,等新的存储服务器更新完成上线后,再将文件迁移回来,因此不会影响存储服务的提供。

7.6.1　云存储主要优势

使用云存储的主要优势归总起来有以下几点:

(1)使用云存储不会会由于意外故障导致服务中止。云存储服务商采用多个存储设备和服务器构建其存储基础,它将文件保存在不同的设备、不同的位置上,由云存储管理器来统一定位资源,所以在某个硬件设备发生故障时,不会对服务运行造成影响。

(2)使用云存储可以节约成本。当数据存储的业务增长时,很难准确地预测它的数据增长量,极有可能导致提前采购的浪费,而使用云存储扩容却相对容易,并且分配给每个项目的存储容量,能超过实际的存储容量。企业除了配置必要的终端设备接收存储服务外,不需要投入额外的资金来搭建平台。

(3)使用云存储能保证服务质量。用户在使用云存储时,需要和云存储服务商达成服务水平协议,云存储服务商以此为标准提供相应的服务。云存储能动态地实现负载均衡,进行资源调整,能够将用户的存储需求均匀分配到各个底层存储设备,避免由于部分服务器工作量过大导致的服务水平下降。

（4）使用云存储能大幅度减小管理开销。传统存储设备的管理非常复杂，对存储管理员的要求非常高，存储管理员需要管理多种不同的设备，对云存储来说，数量众多、种类各异的存储设备，在管理人员看来，只需在一种管理方式上就能看到各个底层存储服务器的使用情况。

云存储模式下，维护工作以及系统的更新升级都由云存储服务提供商完成，企业能够以最低的成本享受到最新、最专业的服务。

（5）云存储方式灵活。传统的购买和定制模式下，系统无法在后续使用中动态调整，而采用云存储方式时，云存储系统中的使用设备对使用者来讲都是完全透明的，可以有效的节省昂贵的设备投资、简化复杂的设置和管理、省去了日常监控和维护升级的麻烦。

7.6.2　云存储的安全性

云存储的安全问题从本质上来说更多的是信任问题，从云安全联盟（CSA）给出的云安全模型里看得出，云存储安全的核心是密码技术和加固技术，通过采取大量的密码技术的加固技术来向用户提供可信任的安全的云存储服务。

1. 云存储的安全机制

云存储的安全机制可以简单归纳为三个方面：平台安全机制、管控安全机制和应用安全机制。

（1）平台安全机制。云存储的平台安全机制是保护整个云存储平台系统自身的安全问题，其中主要有两个技术：第一个是密码技术，保证所有的程序和应用系统的完整性、提供基于 PKI 的强身份认证和存储节点的透明加密；另一个是加固技术，它采用主动防御技术保障服务器和主机的安全性、采用操作系统内核加固实现对存储节点和虚拟主机的保护，免遭病毒木马攻击，从而实现主机虚拟化技术，实现对虚拟主机的保护，实现数据隔离。

（2）管控安全机制。云存储的管控安全机制主要解决安全管理的问题，包括对云节点服务器密钥的统一管理、密钥生命周期的可控性、云数据接口/云客户端密钥的自主性等。从管理安全的角度来说，云存储的管理需要满足"相互约束、相互独立"的条件。

（3）应用安全机制。云存储的应用安全机制主要从以下几方面来实现：存储加密、备份加密、交换加密、身份认证与访问控制、接口安全、手机安全、云端数据库安全。

2. 云存储的安全性

云存储也存在很多问题，其中最突出的就是安全问题。

（1）云数据存储位置的安全性问题。云数据存储位置由云提供商提供，用户不知道实际数据的存储位置,这一点会造成用户对于数据存储安全性的担心。另外还有对敏感数据的访问问题,如果云存储管理出现异常,可能导致用户不能掌控自己数据的访问权限。

(2)数据隔离问题。云存储存储了大量的客户数据,这些数据本身是应该隔离的,云提供商需要保证私有数据不能被其他无授权的用户访问。

(3)数据恢复问题。一旦云端的全部或部分数据遭到破坏,提供商是否有能力进行全面恢复,需要多少时间才能完成恢复,都具有不确定性。

(4)云服务扩充与迁移问题。当用户需求扩大时,云提供商现有的云服务不能满足用户需求,用户需要转移至其他云提供商,但对于用户来说,已有数据及应用能否保证顺利迁移,将面临很大的不确定性。

3. 云存储的安全策略

为解决数据隐私的保护问题,常见的方法是由用户对数据进行加密,把加密后的密文信息存储在服务端。当存储在云端的加密数据形成规模之后,对加密数据的检索成为一种迫切需要解决的问题。

国内信息安全领域的专家型公司卫士通开发了卫士通安全云存储系统,该系统以密码技术为核心,采用分布式文件系统、云存储安全防护系统软件和专用密码模块相结合的方式,在实现海量云存储的同时全面解决用户关心的安全性问题。

7.6.3 云存储产品

目前,诸多厂商都已推出了云存储产品,比较有名的就是 EMC 的 Atmos 的云存储基础架构解决方案。

1. IBM 方面

XIV 是 IBM 提供的新一代存储产品,它采用网格技术,极大地提高了数据的可靠性、容量的可扩展性及系统的可管理性。XIV 是在传统存储设备上的升级,它具有海量存储设备、大容量文件系统、高吞吐量互联网数据访问接口以及拥有管理系统等设计特征。XIV 独特的设计,使之天生就具备海量的存储能力与强大的可扩展性,能够满足各种 Web2.0 应用的需求,是一个理想的实现云存储的产品。

"XIV 产品具备 IBM 信息管理、保护、归档等重要职能,是 IBM 信息基础构架和存储的关键组成部分,也是 IBM 能够重新定义存储理念的一个产品。"IBM 系统与科技事业部大中华区产品部总经理侯淼说。

XIV 把中端和高端存储的结构特点结合在一起。当用户有了新的业务,或者数据快速增长的时候,XIV 能够预计未来业务的增长速度、数据类型复杂度,可以说 XIV 是用户目前合理的选择。

XIV 存储系统内置的虚拟化技术大幅度简化了管理及配置任务,快照功能几乎可达到无限次,并可瞬间克隆数据卷,显著提升测试和访问数据库操作的速度。它的宗旨是通过消除热点和系统资源的全部占用,提供高度一致的性能。XIV 存储系统能够帮助用户部署可靠、多用途、可用的信息基础结构,同时可提升存储管理、配置、改进的资产利用率。

2. 惠普方面

ExDS9100(Storage Works 9100 Extreme Data Storage)是针对文件内容的海量可扩展存储系统,该系统结合了惠普公司的 PolyServe 软件、BladeSystem 底盘和刀片服务器,大大提高了系统的性能,还使用了被称为"块"的存储。这些块在同一个容器中包含了 82 个 1TB 的 SAS 驱动器。

ExDS9100 专为简化 PB 级数据管理而设计,为 Web2.0 及数字媒体公司提供全新的商业服务,包括图片共享、流媒体、视频自选节目及社交网络,完全满足以文档为基础数据的即时存储与管理的需要,同时还可以满足石油及和天然气生产、安全监控和基因研究等大型企业的业务需求。

ExDS9100 是一个统一的系统,配备三种主要配件包括:

(1)Performanceblock:高能效的 HPBladeSystem 机箱配备刀片服务器,可满足海量高性能运行的需求。解决方案的基本配备包括四块刀片,可扩展至 16 块刀片配置,每个单元拥有高达 12.8 个核心,传输速度可以达到 3.2GB/s。

(2)Capacityblock:基本配置提供三个高可用性的存储块和高达 246TB 的存储容量。最高配置能支持达 10 个存储块,能提供 820TB 的存储容量。

(3)Software:该系统采用 HP 的文件集群技术,满足 Web2.0 和数码环境的严格要求。为降低系统的复杂性和成本,可直接在服务器模组上运行,删除不必要的软件层。透过单一的图像管理界面,用户能够轻松管理更多的存储产品和设备。

3. EMC 方面

Atmos 是一个软硬件结合的套件,代号分别为 Maui 和 Hulk。EMC 云基础设施部高级副总裁 Mike Feinberg 表示,最初设计它的目的是帮助用户管理在几十个或几百个不同地理位置的千兆兆字节级的数据。EMC 称 Atmos 具有自动架构、自主修复和云存储的功能,主要面向媒体和娱乐公司、电信公司和 Web 2.0 网站与互联网服务提供商,旨在帮助它们建立外部云存储服务或是在内部建立基于云存储概念的内部存储云,存储容量可以扩展到 PB 级,支持数十亿的文件和对象,并提供在全球各地访问的能力。

Atmos 是一种基于策略的管理系统,主要包括数据服务,如复制、数据压缩、重复数据删除、通过廉价的标准 X86 服务器获得数百 TB 的硬盘存储空间。比如它可以免费为用户创建文件的两个副本，并存储在全球不同的数据中心，为付费用户提供 5 个～10 个备份，以便为全球各地用户提供较快的访问速度和较高的安全性稳定性。EMC 表示 Atmos 拥有自动配置新的存储空间和自动调整硬件故障的能力，并允许用户使用 Web 服务协议对各类数据进行管理和读取。

目前 Atmos 有三个版本，系统容量分别为 120TB、240TB 和 360TB，它们全部都基于 X86 服务器并支持千兆或 10GB 以太网连接。

7.7 云存储的发展现状和趋势

云存储已经成为未来存储发展的一种趋势，目前，云存储厂商正在将各类搜索、应用技术和云存储相结合，以便能够向企业提供一系列的数据服务，但是，未来云存储的发展趋势，主要还是从安全性、便携性及数据访问等角度进行发展。

7.7.1 国内外云计算发展现状

1. 国外云计算发展现状

云计算在国外发展较早，欧美一些国家已经具有较强的技术基础和运营经验，商业模式也较为清晰，而中国的云计算的发展正处于成长期，技术和商业模式学习欧美，采用复制加上本地化的发展方式。国内更倾向于采用私有云的建设方式，这主要是因为中国企业对云计算技术抱有谨慎务实的态度，比如安全问题等。云计算应用不仅取决于虚拟化云平台，网络带宽的影响更为重要。大量的应用要在云上实现，需要高速的带宽连接服务，因此电信运营商将成为全球范围内推动云计算发展的中坚力量。

在国外，在云存储比较有代表性的企业和服务主要有 Amazon（亚马逊）的 S3（简单存储服务），S3 提供的 Web Services 为开发者提供了开发接口，并允许第三方工具在 AmazonS3 上开发；Google 公开的以 GFS 为基础来存储其搜索所需的关键数据，2009 年正式对外提供总容量高达 16TB 的"云空间"存储服务；云存储初创厂商 Zetta 利用特殊的文件系统来保存各种类型的数据，为规模在两百至两千人、数据量大约在 10TB 左右的企业用户，尤其是针对那些没有专门存储管理员的企业，发布了存储服务——Enterprise Cloud Storage Service。根据 Zetta 对企业级客户进行的关于云存储计划的公开调查显示，超过一半的公司正在计划或已经实施云存储。EMC 携手 AT&T 共同发布了云存储服务，EMC 推出的是基于 Atmos 系统的云服务，而 AT&T 宣布推出的是基于 EM-CAtmos 数据存储基础架构的 AT&T Synaptic Storage as a Service。美国的存储服务提供商 Egnyte 公司,为个人和企业提供在线的文件存储,并且包括了为台式电脑和笔记本电脑提供 M/Drive 服务,甚至还可以连接到手机上来获取存储服务,Egnyte 同时开发了适用于多种操作系统如 Windows、Mac、Linux 电脑的客户端软件,方便了各种用户的访问,每月向用户收取少量的服务费。IBM 的 Blue Cloud(蓝云)以开源的 HDFS 用来作为大规模数据存储与处理的基础,并对外提供了云存储解决方案 IBM Smart Business Storage 等。

2. 我国云存储发展现状

由于对安全的担心和其他顾虑,我国的云计算的使用率仍将低于其他国家。目前,国内更倾向于创建私有云,而不是使用公有云服务。

根据计世资讯统计,2009 年中国云计算市场规模已达到 403.5 亿元,增长率为 28%,目前云计算技术总体趋势向开放、互通、融合(安全)方向发展,存储逐步向 SAN+NAS 一体化发展,服务器向 X86 机群方向发展。云计算将向公共计算网发展,对大规模的协同计算技术提出新的要求,虚拟机的互操作,资源的统一调度,需要更加开放的标准,目前云标准已经引起行业的高度重视,并得到较快的发展。

在国内,云存储服务业也引起了广泛的关注,世纪互联 CloudEx 云存储就是为企业及个人提供安全、可靠云存储服务的。使用 CloudEx 云存储提供的标准 API,企业或技术开发者可以将 CloudEx 弹性存储服务融合到自己的商业服务环境中,而个人用户则可以方便获得灵活的在线存储服务。华为赛门铁克科技有限公司在云存储方面也加大了研发的力度,它针对云存储业务特性,推出了业界第一款可实现 S3 休眠模式,具有高效节能、开放、简化管理等特点的 OceanStor T3000 存储节点设备,此外,还推出了针对客户应用优化的商业合作模式,最大限度的提升存储系统的效能,可充分保护客户的投资云计算的数据存储技术主要有 Google 的非开源的 GFS(Google File System)和 Hadoop 开发团队开发的 GFS 的开源实现 HDFS(Hadoop Distributed FileSystem)。大部分 IT 厂商,包括 yahoo、Intel 的"云"计划采用的都是 HDFS 的数据存储技术。未来的发展将集中在超大规模的数据存储、数据加密和安全性保证、以及继续提高 I/O 速率等方面。大部分 IT 厂商,包括雅虎、英特尔的"云"计划采用的都是 HDFS 的数据存储技术。

云存储的发展也面临很多问题,这些问题不解决势必会影响云存储技术的发展及推广应用。

(1)安全性。由于数据存储在云中,各个用户都能访问,因此保证数据的安全是首要问题。数据加密技术、数据备份等技术的应用保证了数据的安全性。

(2)网络带宽。由于云的服务器及用户分布在网络中的各个地方,所有的数据都需要在网络中传输。目前基本上是通过 ADSL、DDN 等宽带接入设备的,只有带宽充足了,才能提高传输速度,用户才能更好的享受云存储的服务。

(3)数据管理。由于云服务器是各个云厂商提供的,分布广泛且配置不同。当用户需要访问数据时,应该能够快速地找到,当用户存储数据时,应该能够把数据存放在合适的服务器中,而且必须解决服务器的故障等问题。这些都需要进行管理。

(4)云数据中心的建设及维护问题。建设云数据中心需要大量的资金投入,对于我国国内企业来说还是一个很大的挑战,虽然国内建设了部分的云数据中心,但由于用户少,维护一个云数据中心也是一个挑战。

这些只是我国云存储发展处于起步阶段面临的问题,随着更多的厂商的加入及用户的使用此问题便会迎刃而解。随着更多企业及学术界对云存储的研究,云存储技术会给我们的生活带来更多的便捷,云存储技术也会更加成熟。

当前中国的云计算的发展正进入成长期,预期在 2015 年之后,中国云计算产业将真正进入成熟期,云计算服务模式将被广大用户接受。埃森哲 2010 年云计算研究报告给出,未来两年内更多的中国大企业将开始使用云计算。

7.7.2 云存储的发展趋势

云存储已经成为未来存储发展的一种趋势,目前,云存储厂商正在将各类搜索、应用技术和云存储相结合,以便能够向企业提供一系列的数据服务,但是,未来云存储的发展趋势,主要还是要从安全性、便携性及数据访问等角度进行发展。云计算的数据存储技术未来的发展将集中在超大规模的数据存储、数据加密和安全性保证和继续提高 I/O 速率等方面。

1. 减少能耗,提高能源的使用效率

当前的云计算系统的能耗过大。减少能耗、提高能源的使用效率、建造高效的冷却系统是当前面临的一个主要问题。例如,Google 的数据中心的能耗相当于一个小型城市的总能耗。要保证云计算系统的正常运行,必须用高效的冷却系统来保持数据中心的温度在可接受的温度范围内。

2. 云计算对面向市场的资源管理方式的支持有限

加强相应的服务等级协议,使用户和服务提供者能更好地协商提供的服务质量。另外,需要对云计算的接口进行标准化并且制定交互协议。这样可以支持不同云计算服务提供者之间进行交互,相互合作提供更加强大和更好的服务。

3. 需要开发出更易用的编程环境和编程工具

开发更易用的编程环境和编程工具,可以更加方便地创建云计算应用,拓展云计算的应用领域。

4. 安全性

从云计算诞生以来，安全性一直是企业实施云计算首要考虑的问题之一，同样，在云存储方面，安全性仍是首先考虑的问题。对于想要享受云存储服务的客户来说，安全性通常是首要的商业考虑和技术考虑，但是许多用户对云存储的安全性要求甚至高于它们自己的架构所能提供的安全水平。即便如此，面对如此高的不现实的安全性要求，许多大型的可信赖的云存储厂商也在努力满足它们的要求，构建比多数企业数据中心安全性更高的数据中心，并通过可与 NSA（美国国家安全局）相媲美的加密层和保护层来保护存储中的数据。目前，用户通常发现云存储具有更少的安全漏洞，而且云存储所提供的安全性服务水平要比用户自己的数据中心所能提供的安全服务水平更高。

5. 便携性

用户在考虑托管存储的时候还要考虑数据的便携性，一般情况下是有保证的，大型服务提供商所提供的解决方案承诺其数据便携性比最好的传统本地存储更胜一筹。有的云存储结合了强大的便携功能，可将整个数据集传送到用户所选择的任何媒介，甚至是专门的存储设备。

6. 性能和可用性

互联网上原有的一些托管存储和远程存储总是存在着延迟时间过长的问题。同样地，互联网本身的特性就严重威胁着服务的可用性。最新一代云存储有突破性的成就，体现在客户端或本地设备的高速缓存，将最经常使用的数据保持在本地，从而有效地缓解互联网延迟问题。通过本地高速缓存，即使面临最严重的网络中断，这些设备也可以缓解延迟性问题。这些设备还可以让经常使用的数据看起来像本地存储那样快速反应。通过一个本地 NAS 网关，云存储甚至可以模仿中端 NAS 设备的可用性、性能和可视性，同时将数据予以远程保护，这种数据保护水平只有少数企业才能做到。性能方面的另一个问题是，当数据变化率太高的时候，这些解决方案可能会消耗太多的互联网带宽，而且这样可能会使用户的云存储解决方案产生隐含成本。即使如此，厂商们仍将继续努力实现容量优化和 WAN（广域网）优化，从而尽量减少数据传输的延迟性。

7. 数据访问

云存储的另一个疑虑是如果执行大规模数据请求或数据恢复操作，那么云存储是否可提供足够的访问性。如同前面的讨论，一些厂商可以将大量数据传输到任何类型的媒介，也可以将数据直接传送给企业，且其速度之快相当于复制粘贴操作。此外，一些厂商还可以提供一套组件，在完全本地化的系统上模仿云地址，让本地 NAS 网关设备继续正常运行而无需重新设置。如果大型厂商构建了更多的地区性设施，那么数据传输时间将更加缩短。更重要的是，即使用户的本地数据发生了灾难性的损失，厂商们也可以将数据再重新传输给你。

云存储作为云计算的重要组成部分，它并不是一个孤立的产品或者一个单一的技术，目前已有许多的云存储服务供应商，他们主要将应用技术、搜索和存储相结合，构建云存储给企业和个人提供一系列的存储服务。云存储云存储最终的目标是实现"随需应变、按需付费"的 IT 资源提供方式。

云存储是新型的存储模式，它使人们将数据存储从传统的个人存储设备迁移到网络上，从而实现在线存储。从发展的趋势来看，云存储是云计算大规模推广的第一步，它承接了网络存储的基础，融合了新的服务理念，因此不论是从技术上，还是从用户使用习惯上，云存储都比较贴近人们生活，成为了云计算应用的前驱，也逐步成为云计算研究和应用的入手点。

影响云应用的根本问题是云存储的安全性，离云计算的真正全面推广还有一定距离，但相对来说，目前基于云的存储应用相对成熟。卫士通基于安全优势，首先发力在云存储上面，在安全云存储系列产品及应用方案方面也进行了深入的研究。

在实现数据信息的云存储之外，不同的用户对数据信息有着不同的存储安全要求，故云存储服务提供者也需要提供对于用户的隐私、知识产权等相关的信息的保护。云计算是未来三、五年全球范围内最值得期待的技术革命，它以其资源动态分配、按需服务的设计理念，以低成本解决海量信息处理的独特魅力吸引了众多的信息技术企业的青睐，云存储是云计算中解决海量数据存储的解决方案，将云存储作为服务，充当云计算浪潮的革命先锋。

第二部分

应 用 篇

第 8 章　智能锁系统概述

本章主要介绍一个军用项目的开发背景、系统功能、系统的体系结构、系统设计方案和一些预备知识,为后面的章节做一些准备。

8.1　系统功能概述

该项目的开发以提高军事信息网和部队信息终端的安全性为目标,以安全身份认证和信息的安全保密存储为着眼点,结合智能卡技术、定制 GINA 开发技术和文件系统过滤驱动开发等技术,实现了系统安全登录、文件及文件夹访问控制、文件加密存储等功能,并且提供了对基于数字证书的身份认证的支持。目前,市场上也有一些同类产品,但大部分是基于本机的安全保护,军用数码安全保护器可以提供基于双因素的安全认证,存储在数码安全保护器中的数字证书为远程身份认证提供了可靠保障。

eKey 又名电子密码钥匙,是一种结合了智能卡技术和 USB 接口技术的新型数据安全产品,它既继承了智能卡技术的安全性,又结合了 USB 接口的数据传输能力,可以将其作为敏感信息的存储介质和用户身份的凭证。基于 eKey 的双因素认证机制为系统安全身份认证提供了更高强度的保证。

智能锁应用智能卡技术、定制 GINA 开发技术、基于数字证书的身份认证技术和文件系统过滤驱动开发等技术,实现了信息终端的安全访问和信息资料的保密存储,其实现的主要功能如图 8.1 所示。

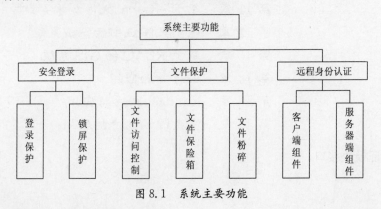

图 8.1　系统主要功能

1. 安全登录

(1)登录保护:实现基于 eKey 的双因素身份认证安全登录,为每台计算机授权一个 eKey,在强保护模式下,用户必须输入正确的用户名、密码,并插入合法的 eKey 才有权登录到操作系统。提供自动登录功能,可以使用授权的 eKey 自动登录到系统,而不必输入用户名、密码。

(2)锁屏保护:登录到操作系统后,如果拔下 eKey 能够锁定计算机,保护用户的工作现场不能被来自本地或网络上的应用访问,重新插上 eKey 并输入正确的 PIN 码后即可恢复工作。

2. 文件保护

(1)文件访问控制:用户可以设置被保护的文件或文件夹,只有插入了授权 eKey 的用户才能访问受保护对象。被保护文件或文件夹具有醒目的外观以标识该文件或文件夹已经被保护,如图 8.2 所示。

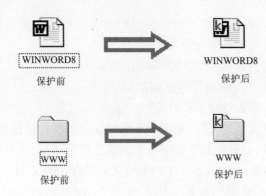

图 8.2　文件及文件夹保护标志

(2)文件保险箱:保险箱内的文件使用 eKey 中存储的密钥加密,授权用户可以打开保险箱并对里面的文件进行访问,非授权用户则无法进入保险箱。

(3)文件粉碎:对选中的文件进行物理删除,被删除的文件不能使用任何工具从存储介质中恢复。

3. 远程身份认证

针对已有网络应用系统,以插件、组件或动态链接库的形式提供基于数字证书的认证模块接口。

(1)客户端组件:建立与应用服务器端认证组件的连接,向应用服务器提交用户数字证书、eKey ID 等认证信息。

(2)服务器端组件:验证来自客户端组件的用户身份认证信息。

8.2 系统方案设计

8.2.1 系统设计目标

智能锁系统应用智能卡技术、定制 GINA 开发技术、基于数字证书的身份认证技术和文件系统过滤驱动开发等技术,实现了信息终端的安全访问和信息资料的保密存储,其设计目标有以下几点:

(1)安全登录:为每台计算机授权一个 eKey,用户只有插入合法的 eKey 才有权登录到操作系统。

(2)锁屏保护:登录到操作系统后,如果拔下 eKey 能够锁定计算机,重新插上 eKey 后恢复工作。

(3)文件访问控制:用户可以设置被保护的文件或文件夹,只有插入了授权 eKey 的用户才能访问受保护对象。

(4)机密文件加密存储:机密文件使用 eKey 中存储的密钥加密,只有插入了授权 eKey 的用户才能访问并解密加密文件。

(5)支持移动存储设备内的文件保护功能。

(6)提供远程身份认证支持:搭建基于数字证书的身份认证系统,以插件、组件或动态链接库的形式提供基于数字证书的认证模块接口。

(7)提供口令保护,防止 eKey 中的数据被非法读出和复制。

(8)提供 eKey 的备份和恢复功能。

(9)性能:将文件访问控制与文件加解密对系统性能产生的影响控制在用户可以接受的范围内。

产品形式:硬件 eKey + 配套软件。

开发工具:VC++6.0、Win2000 DDK、IFS DDK。

数据库:Access 数据库。

8.2.2 系统体系结构

系统总体架构如图 8.3 所示。

(1)GINA 模块:GINA 模块是定制开发的 Windows 图形化身份认证模块,用以替换操作系统默认的 msgina. dll 模块。它被操作系统 Winlogon 进程加载,接管了操作系统登录时的用户身份验证过程,执行基于 eKey 的双因素身份认证,实现系统的安全登录与锁屏保护功能。

（2）文件驱动模块：通过开发文件系统过滤驱动程序截获应用层的文件访问请求，然后根据过滤规则链表应用相应的安全保护策略，实现对受保护文件或文件夹的访问控制、机密信息的加密存储等功能。

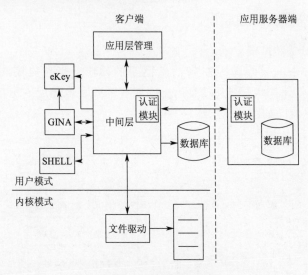

图 8.3　系统总体架构

（3）SHELL 模块：扩展 Windows 外壳程序功能的 COM 组件，它被操作系统 Explorer 进程加载，负责图标叠加及右键菜单功能。

（4）应用层管理模块：为用户提供了一个终端管理工具实现各类安全设置以及系统维护工作，包括：登录方式设置、文件和文件夹保护管理、文件保险箱管理、eKey 管理及数字证书的操作等功能。

（5）中间层模块：负责解释并处理来自应用层管理模块、SHELL 模块、文件过滤器驱动模块的信息、维护过滤规则链表、提供用户身份的合法性判断及文件保护对象的判别，制定保护措施等。

（6）eKey 接口模块：提供与 eKey 建立连接、确定其合法性、写入/读出系统密码、生成/导出密钥、验证 eKey 的 PIN 码以及备份/恢复 eKey 等操作的接口。

其中 SHELL 模块和 GINA 模块运行于系统进程地址空间，文件过滤器驱动工作于内核模式。

系统还提供了对基于数字证书的身份认证的支持，针对已有网络应用系统，以插件、组件或动态链接库的形式提供基于数字证书的认证模块接口。客户端认证模块建立与应用服务器端认证模块的连接，向其提交用户数字证书、eKey

ID 等认证信息。服务器端认证模块负责验证来自客户端的用户身份认证信息。

客户端数据库存储了本机被保护文件或文件夹的信息,服务器端数据库存储了授权用户的认证信息。

8.2.3　系统模块间通信设计

1. 模块间信息流图

在系统中中间层起着控制与信息枢纽的作用。来自应用层管理工具和 SHELL 的文件保护状态变化信息由中间层解释并采取相应的保护措施。系统模块间的信息流图如图 8.4 所示。

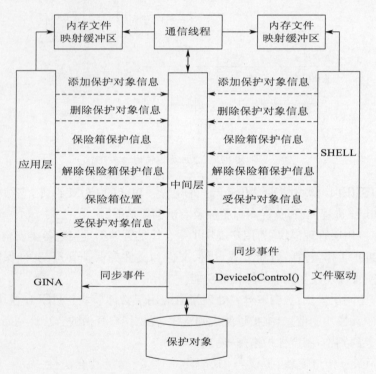

图 8.4　模块间信息流图

2. 同步与通信设计

在中间层与应用层管理模块之间、中间层与 SHELL 模块之间采用内存文件映射的方式通信,使用事件和互斥量来同步对通信缓冲区的访问。

1)中间层与应用层管理模块间通信

中间层与应用层管理模块间采用内存文件映射的方式通信,通信缓冲区大小为 26202 字节(sizeof(ProtectedObjInfor) * 100 + 2),文件映射对象名称为

AppManageFileMapObj。

通信缓冲区的数据含义如下：

第一字节表示信息类型：0 为文件或目录保护，1 为解除文件或目录保护，2 为保险箱保护，3 为解除保险箱保护，4 为获取 eKey 状态，5 为粉碎删除；第二字节表示记录总数；第三字节以后为对象信息。

对象信息数据结构定义如下：

```
struct ProtectedObjInfor
{
BYTE ObjType;//对象类型,该字节值为 0 代表目录,1 代表文件,2 代表解密路径
BYTE ProtectedType;//保护类型,该字节值为 0 代表文件或目录保护,1 代表保险箱
                   保护
char ObjName[APPMAXPATHLEN];//目录(文件)全名称
};
```

互斥量名称为：AppMutex。

同步事件名称为：ToAppManageEvent，用于中间层通知应用层；FromAppManageEvent，用于应用层通知中间层。

2)中间层与 SHELL 模块间通信

中间层与应用层管理模块间也采用内存文件映射的方式通信，通信缓冲区大小为 26202 字节(sizeof(ProtectedObjInfor) * 100 + 2)，文件映射对象名称为 ShellFileMapObj。

通信缓冲区的数据含义如下：

中间层发往 SHELL 模块的数据含义：第一字节表示信息类型：0 为文件或目录保护，1 为解除文件或目录保护；第二字节表示记录总数；第三字节以后为对象信息。

SHELL 模块发往中间层的数据含义：第一字节表示信息类型：0 为文件或目录保护，1 为解除文件或目录保护，2 为保险箱保护，3 为解除保险箱保护，4 为粉碎删除；第二字节表示记录总数；第三字节以后为对象信息。

对象信息数据结构定义如下：

```
struct ProtectedObjInfor
{
BYTE ObjType;//对象类型,该字节值为 0 代表目录,1 代表文件,2 代表解密路径
BYTE ProtectedType;//保护类型,该字节值为 0 代表文件或目录保护,1 代表保险箱
                   保护
char ObjName[APPMAXPATHLEN];//目录(文件)全名称
};
```

互斥量名称为：ShellMutex。

事件名称为：ToShellEvent，用于中间层通知 SHELL；FromShellEvent，用于 SHELL 通知中间层。

3）中间层与文件过滤驱动间通信

中间层与文件过滤驱动层之间 WDM 驱动通信接口函数 DeviceIoControl 来实现信息交换。信息交换码如下：

```
IOCTL_EKEY_EVENTHANDLE        //传递事件句柄给驱动
IOCTL_EKEY_SETFILTER          //传递过滤信息给驱动
IOCTL_EKEY_SETPROCESSID       //传递特殊进程 ID 信息给驱动
IOCTL_EKEY_SETCOMMONDATA      //传递一般数据信息给驱动
IOCTL_EKEY_STARTFILTER        //实施过滤
IOCTL_EKEY_PAUSEFILTER        //暂停过滤
IOCTL_EKEY_GETSYSDATA         //获取驱动数据信息
IOCTL_EKEY_SETEVENT           //通知驱动触发事件(用于测试)
IOCTL_EKEY_EXITAPP            //退出应用
```

中间层向文件驱动层发送文件保护对象信息数据结构定义如下：

```
typedef struct _FilterInfor
    {
    int Flag;          //消息类型
    ULONG DriverSet;   //驱动器集合,表示将要监控的驱动器集合
    int ItemsNum;      //过滤信息数目
    ItemInfor ObjInfor[MAX_FILTER_ITEMS];    //过滤对象详细信息
    }FilterInfor;
```

其中：Flag＝0 表示驱动将重新建立过滤链表；Flag＝1 表示在已有链表的基础上增加节点；Flag＝2 表示在已有链表的基础上删除节点；Flag＝3 表示清空过滤链表。

过滤对象信息数据结构定义如下：

```
typedef struct _ItemInfor
    {
    int Type;//类型,该字节值为 0 代表目录,1 代表文件
    char ObjName[APPMAXPATHLEN];//目录(文件)全名称
    }ItemInfor;
```

中间层与文件过滤驱动层之间的事件同步对象名称为 FromDriverEvent。

主要接口函数：

```
void TransDriverInfor( );     //获取并解释驱动层传来的数据
int DeviceIoControl(…);       //应用层向驱动层发送数据信息及命令
```

8.3　本　章　小　结

　　本章主要介绍了智能锁系统整体的设计方案、设计目标、系统构架、系统的功能模块及模块间的通信设计,应用部分第 9 章～第 12 章都是围绕该系统展开的。

第 9 章　基于 eKey 的安全登录系统

本章主要阐述了基于 eKey 技术的安全登录模块的设计,实现了基于 eKey 的双因素身份认证,为系统安全身份认证提供了更高强度的保证。安全登录系统的实现主要应用了开发定制 Windows 图形化身份认证模块技术。

9.1　安全登录系统的设计

安全登录系统是针对目前 Windows 系统单因素的用户名、口令对的登录身份验证方式安全强度较低的问题开发的,所开发定制的 Windows 图形化身份认证模块以替换操作系统默认的 msgina. dll 模块,从而接管操作系统登录时的用户身份验证过程,实现基于 eKey 的双因素身份认证。

1. 安全登录系统构架

基于 eKey 的安全登录系统的结构如图 9.1 所示。

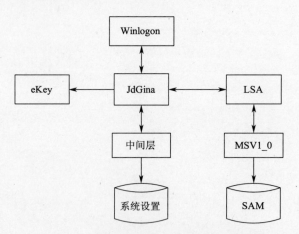

图 9.1　基于 eKey 的安全登录系统结构

基于 eKey 的安全登录系统的核心是定制开发的图形化身份认证模块 Jd-Gina,将其复制到系统文件夹,并在注册表中进行相应设置后,JdGina 会在系统启动后被 Winlogon 进程加载,它与 Winlogon、LSA 等系统组件协同完成用户的登录过程。

登录前 JdGina 提供交互式的登录界面,获取并调用系统的验证包验证用户的用户名、密码,同时判断用户是否插入了合法的 eKey,然后通过返回合适的返回值给 Winlogon 进程,以决定用户能否登录到系统;登录后 JdGina 根据 eKey 的状态(插上或拔下)与 Winlogon 交互实现锁定或解锁计算机。

JdGina 与 Winlogon 间通过 SAS 事件协同,JdGina 调用 WlxSasNotify 函数通知 Winlogon 有 SAS 事件发生(如用户插入了 eKey),Winlogon 根据当前的工作站状态调用相应的 JdGina 导出函数,由 JdGina 做出相应的处理。

另外,操作系统自身还维护了 Ctrl+Alt+Del 的热键组合,如果 JdGina 注册了这个热键组合,当用户按下 Ctrl+Alt+Del 后 Winlogon 会收到 SAS 类型为 WLX_SAS_TYPE_CTRL_ALT_DEL 的消息。因为人们习惯于在登录状态下按 Ctrl+Alt+Del 启动任务管理器(Task Manager),所以我们在 JdGina 的初始化函数 WlxInitialize 内调用 WlxUseCtrlAltDel 函数表明其支持 Ctrl+Alt+Del 热键组合。

开发过程中发现当有多个线程同时访问 eKey 时,硬件 eKey 会产生异常,因此,系统中 eKey 插拔事件的检测根据登录状态由不同的模块负责:登录前由 JdGina 负责;登录后由中间层负责,中间层通过事件方式通知 JdGina,JdGina 在用户登录后启动一个线程等待中间层事件。

2. 系统定义的事件

系统中定义了如下几类 SAS 事件:

#define GINA_SAS_AUTOLOGON　400　　//自动登录

#define GINA_SAS_ACTION_LOGON　256　　//强保护模式登录

#define GINA_SAS_KEY_INSERT　300　　//插入 eKey

#define GINA_SAS_KEY_REMOVE　301　　//拔出 eKey

#define WLX_SAS_WRONG_PIN　500　　//eKey 的 PIN 码验证错误

3. 系统提供的登录模式

基于 eKey 的安全登录系统提供了两种登录模式:强保护模式和弱保护模式(自动登录模式)。在强保护模式下必须输入正确的用户名、密码,并且插入合法的 eKey,在 eKey 的 PIN 码验证通过后才能登录到系统;在弱保护模式只要插入合法的 eKey 就自动登录到系统。登录模式由用户设置,存储在系统注册表中,JdGina 根据登录模式执行相应的验证策略。

9.2 安全登录系统实现

安全登录系统保证只有持有授权 eKey 的用户才能登录到操作系统,并且能在登录后通过拔下 eKey 保护用户的工作现场。

系统的设计思想是开发定制的 Windows 图形化身份认证模块以替换操作系统默认的 msgina.dll 模块,从而接管操作系统登录时的用户身份验证过程,实现基于 eKey 的双因素身份认证。

9.2.1 定制 GINA 的开发规范

GINA 是动态库形式的操作系统组件,由系统 Winlogon 进程加载,Winlogon 进程根据当前的工作站状态以及不同的 SAS 事件调用相应的 GINA 导出函数。实现基于 eKey 的安全登录系统的主要工作就是开发定制的 GINA 以替换原有操作系统 GINA 模块,在定制 GINA 内实现基于 eKey 的安全登录策略。

定制的 GINA 需要实现所有的标准 GINA 导出函数,并遵循与 Winlogon 进程间的调用规则才能集成到操作系统中。表 9.1 列出了需要实现的 GINA 导出函数,及其被 Winlogon 进程调用的时机和函数功能描述。

Winlogon 也提供了一些供 GINA 调用的支持函数,例如当 GINA 检测到 SAS 事件(如插上 eKey)时可以调用 WlxSasNotify 函数通知 Winlogon;可以调用 WlxUseCtrlAltDel 函数表明 GINA 支持 Ctrl+Alt+Del 热键组合;还有显示消息框、对话框、更改密码通知等支持函数。

GINA 导出函数被 Winlogon 进程调用的时机取决于当前的工作站状态和用户的 SAS 事件。工作站有三个状态:用户未登录、已登录和计算机锁定。

表 9.1 需要实现的 GINA 导出函数

导出函数	描　　述
WlxNegotiate()	被 Winlogon 调用的第一个函数,GINA 在此确定是否支持当前安装的 Winlogon 版本
WlxInitialize()	GINA 完成一些初始化工作
WlxDisplaySASNotice()	用户未登录时调用,可以在此显示提示对话框
WlxSasNotify	通报安全的注意序列的 winlogon(SAS)事件
WlxLoggedOutSAS()	Winlogon 在收到 SAS 且用户未登录时调用,表明有用户准备登录到系统,GINA 在此要求用户提供用户名、密码等身份信息,它的返回值决定了用户是否有权登录到系统
WlxActivateUserShell()	用户身份认证通过后调用,在此启动用户的 SHELL 程序

导 出 函 数	描　　述
WlxLoggedOnSAS()	Winlogon 在收到 SAS 且用户已登录时调用，GINA 根据 SAS 类型决定执行启动任务管理器还是锁定计算机等操作
WlxIsLockOk()	询问 GINA 是否可以锁定计算机
WlxDisplayLockedNotice()	显示计算机被锁定的对话框
WlxWkstaLockedSAS()	Winlogon 在计算机锁定状态收到 SAS 时调用，GINA 在此决定是否解除计算机锁定
WlxIsLogoffOk()	询问 GINA 是否可以注销当前用户
WlxLogoff()	注销前调用
WlxShutdown()	关机前调用

Winlogon 和 GINA 间的交互过程如下：

（1）系统引导：Winlogon 调用 WlxNegotiate 函数；Winlogon 调用 WlxInitialize 函数。

（2）用户未登录：GINA 检测到 SAS 事件，如插上 eKey。GINA 调用 WlxSasNotify 函数通知 Winlogon；Winlogon 将 SAS 作为参数调用 WlxLoggedOutSAS 函数。

（3）用户已登录：GINA 检测到 SAS 事件，如拔下 eKey。GINA 调用 WlxSasNotify 函数；Winlogon 将 SAS 作为参数调用 WlxLoggedOnSAS 函数。

（4）用户已登录，决定锁定计算机：GINA 调用 WlxSasNotify 函数；Winlogon 将 SAS 作为参数调用 WlxLoggedOnSAS 函数；GINA 返回 WLX_LOCKWINSTA。

（5）用户已登录，计算机已锁定，决定解除锁定：GINA 调用 WlxSasNotify 函数；Winlogon 将 SAS 作为参数调用 WlxWkstaLockedSAS 函数；GINA 返回 WLX_ WLX_UNLOCKWINSTA。

（6）用户已登录，调用 ExitWindowsEx 函数注销：Winlogon 调用 WlxLogoff 函数。

（7）用户已登录，决定通过 SAS 事件通知系统注销：GINA 调用 WlxSasNotify 函数；Winlogon 将 SAS 作为参数调用 WlxLoggedOnSAS 函数；GINA 返回 WLX_LOGOFFUSER；Winlogon 调用 WlxLogoff 函数。

（8）用户已登录，调用 ExitWindowsEx 函数注销和关闭计算机：Winlogon 调用 WlxLogoff 函数；Winlogon 调用 WlxShutdown 函数。

（9）用户已登录，决定通过 SAS 事件通知系统注销和关闭：GINA 调用 WlxSasNotify 函数；Winlogon 将 SAS 作为参数调用 WlxLoggedOnSAS 函数；

GINA 返回 WLX_LOGOFFANDSHUTDOWN；Winlogon 调用 WlxLogoff 函数；Winlogon 调用 WlxShutdown 函数。

开发定制 GINA 还要注意的一点是 GINA 只能使用 UNICODE 编码。

9.2.2　安全登录及锁屏保护的实现

1. eKey 插拔事件的检测

基于 eKey 的终端防护系统需要解决的一个基本问题是在 eKey 插入或拔出 USB 接口时能够获知这一事件，并且能够验证插入的 eKey 是否是系统授权的 eKey 以及 eKey 拥有者 PIN 码的验证。

每个硬件 eKey 都具有唯一的序列号，eKey 防护系统在安装时读取出 eKey 的序列号并将其写入注册表中，通过将插入 eKey 的序列号与注册表中保存的序列号比较，可以判断该 eKey 是否是系统授权的 eKey。实现的接口为：bool IsMyKey()，返回值 true 代表合法授权 eKey，false 代表非系统授权 eKey。

为了保证 eKey 不能被他人冒用，eKey 拥有者还要设置一个 eKey 的 PIN 密码，实现的方法是：在 eKey 硬件内创建一个密钥文件保存用户的 PIN 码，验证时读取出该 PIN 码与用户输入的 PIN 码比较即可。实现的接口为：int VerifyPin(byte * Pin, DWORD PinLen)，返回值 0 代表 PIN 码正确，非 0 代表错误。

eKey 插拔事件的获知因为 GINA 的工作机制以及 eKey 硬件本身的一些问题相对较复杂。如 9.2.1 节所述，GINA 在几个时机需要知道 eKey 是否连接到 USB 接口：登录前是否已经插入 eKey；登录过程中，在任何提示对话框（如欢迎登录对话框、用户登录对话框）下是否插入 eKey；弱保护模式（自动登录模式）下是否插入了 eKey；强保护模式下是否插入了 eKey；用户登录后，系统使用过程中，是否拔出 eKey；系统锁定后是否插入了 eKey。另外，在开发过程中发现当有多个线程同时访问 eKey 时，eKey 会出现异常，比如保存的 PIN 码会消失等。

针对这些问题我们采用了两种方式获知 eKey 的插拔事件：主动连接方式和被动事件方式。

主动连接方式是指当需要确定 eKey 是否插上时，调用 IsMyKey() 函数，因为 IsMyKey() 函数的实现需要首先与 eKey 建立连接，如果没插上 eKey，连接失败函数也会返回 false。

被动事件方式是指利用 Windows 的注册窗口设备事件通知的机制，在对话框的窗口过程中调用 API 函数 RegisterDeviceNotification 注册接收 eKey 的插拔事件通知，这样当发生 eKey 的插拔事件时，对话框的窗口过程会收到 WM_

DEVICECHANGE 消息,消息的附加参数为 DBT_DEVICEARRIVAL 表明是插上 eKey,为 DBT_DEVICEREMOVECOMPLETE 表明是拔出了 eKey。

采用的检测方式取决于当前的登录模式和登录状态:因为在弱保护模式(自动登录模式),用户未登录的情况下,如果用户在登录前或登录过程中插上了授权的 eKey,系统应该跳过输入用户名和密码的过程,自动登录到系统,所以采用主动连接和被动事件相结合的方式;在强保护模式下,只需要在用户身份验证过程中确定是否插入了授权的 eKey,而不必理会 eKey 插拔的时机,所以采用主动连接的方式;在用户登录后,因为文件保护系统也需要获知 eKey 的插拔事件,为了避免 eKey 访问冲突,将 eKey 的检测统一交由中间层负责,中间层采用的是被动事件方式。

下面一段简化代码说明了第一种情况:

```
int CALLBACK WelcomeDlgProc(…) //欢迎登录对话框的窗体过程函数
{
switch (Message)
{
case WM_INITDIALOG:
    if(AutoLogonWithKey()) //判断是否自动登录模式
        hDevNotify= RegisterDeviceNotification(…); //注册 eKey 插拔事件
    return(TRUE);
case WM_SHOWWINDOW:
    if(AutoLogonWithKey())  //判断是否自动登录模式
    {
    if(IsMyKey())  //如果已经插上 eKey,进入自动登录流程(主动连接方式)
        pWlxFuncs- > WlxSasNotify(hGlobalWlx, GINA_SAS_AUTOLOGON);
    }
    else        //进入强保护登录模式
        pWlxFuncs- > WlxSasNotify(hGlobalWlx, GINA_SAS_ACTION_LOGON);
    return(TRUE);
case WM_DEVICECHANGE:
    if(wParam= = DBT_DEVICEARRIVAL)  //接到 eKey 插上通知(被动事件方式)
    {                               //进入自动登录流程
    pWlxFuncs- > WlxSasNotify(hGlobalWlx, GINA_SAS_AUTOLOGON);
    }
    return (TRUE);
default:
    return(FALSE);
```

```
}
}
```

下面一段简化代码则说明了第二种情况：

```
int ActionLogon(…) //强保护登录模式下身份验证模块
{
pWlxFuncs- > WlxDialogBoxParam(…,LogonDlgProc,…); //显示登录对话框
//核对用户名、密码
result = AttemptLogon (pGlobals, pGlobals - > pAccount, pLogonSid,
pAuthenticationId);
    if (result = = WLX_SAS_ACTION_LOGON) //用户名、密码核对成功
        {
        if(IsMyKey() //判断是否插上授权的 eKey(主动连接方式)
            return(WLX_SAS_ACTION_LOGON); //用户可以登录到系统
    else            //没插 eKey
        {
        pWlxFuncs- > WlxMessageBox(…TEXT("请插入数码锁,然后进行登录!")…)
return (WLX_SAS_ACTION_NONE); //用户无权登录到系统
        }
    }
else //用户名、密码核对失败
    {
    pWlxFuncs- > WlxMessageBox(…TEXT("用户名或密码无效\n 请重新输入"),…)
    return(WLX_SAS_ACTION_NONE); //用户无权登录到系统
    }
}
```

2. 安全登录的实现

基于 eKey 的安全登录系统的工作流程如图 9.2 所示。

图中左边的虚线框代表了弱保护模式（自动登录模式）下身份验证模块的工作流程，右边的虚线框代表了强保护模式下身份验证模块的工作流程。如果弱保护模式下登录没有成功会进入强保护登录模式。登录模式的设置存储在系统注册表中，判断登录模式的函数是 bool AutoLogonWithKey()，返回值 true 代表自动登录模式，false 代表强保护登录模式。

需要实现的与登录有关的 GINA 函数接口是 WlxDisplaySASNotice 函数、WlxLoggedOutSAS 函数和 WlxActivateUserShell 函数。

WlxDisplaySASNotice 函数的主要工作是显示登录提示信息对话框、判断系统的登录模式和处理用户的 SAS 事件。为了保证安全，在 GINA 内要使用

Winlogon 支持函数显示对话框、消息框。如显示对话框的函数原型是：

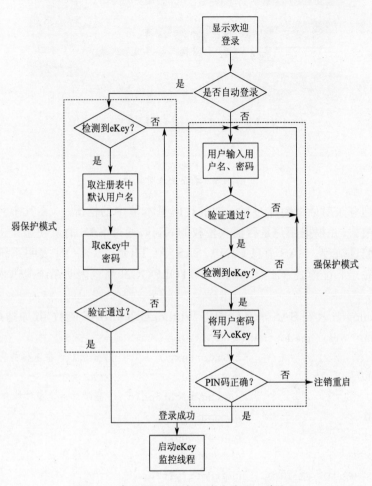

图 9.2　基于 eKey 的安全登录系统工作流程

```
int WlxDialogBoxParam (
                HANDLE hWlx,            //Winlogon 句柄
                HANDLE hInst,           //GINA 句柄
                LPWSTR lpszTemplate,    //对话框模板资源
                HWND hwndOwner,         //对话框的父窗体
                DLGPROC dlgprc,         //对话框窗体过程函数
                LPARAM dwInitParam      //初始化值
                );
```

用户登录时显示的登录提示对话框如图 9.3 所示。

图 9.3　欢迎登录对话框

　　欢迎登录对话框窗体过程函数的代码见本节中的情况一,在其中判断系统的登录模式,并根据用户是否插入授权的 eKey,通过 SAS 消息使系统进入相应的登录验证流程。SAS 消息 GINA_SAS_ACTION_LOGON 表明系统应进入强保护登录验证模式,GINA_SAS_AUTOLOGON 消息表明系统应进入自动登录模式。

　　Winlogon 收到 SAS 消息后调用 WlxLoggedOutSAS 函数,其原型是:

```
int WINAPI WlxLoggedOutSAS(
    PVOID                    pWlxContext,       //登录对话框窗体的背景
    DWORD                    dwSasType,         //SAS 类型
    PLUID                    pAuthenticationId, //登录对话框窗体的身份验证
    PSID                     pLogonSid,
    PDWORD                   pdwOptions,
    PHANDLE                  phToken,           //用户令牌
    PWLX_MPR_NOTIFY_INFO     pMprNotifyInfo,
    PVOID *                  pProfile
)
```

　　在 WlxLoggedOutSAS 函数内要根据登录模式对请求登录到系统的用户身份进行验证,对于操作系统来说成功登录的条件是 WlxLoggedOutSAS 函数返回 WLX_SAS_ACTION_LOGON,并且用户拥有合法的令牌(Token)。令牌只有在操作系统对用户名、密码核对通过后才能获得,因此无论自动登录还是强保护模式登录都需要提供正确的用户名、密码。自动登录实现的原理是将登录密码存储在 eKey 中,而默认登录的用户名可以从系统注册表中获得。

　　WlxLoggedOutSAS 函数的实现代码如下:

```
int WINAPI WlxLoggedOutSAS(
                    PVOID                   pWlxContext,
                    DWORD                   dwSasType,
                    PLUID                   pAuthenticationId,
                    PSID                    pLogonSid,
                    PDWORD                  pdwOptions,
                    PHANDLE                 phToken,
                    PWLX_MPR_NOTIFY_INFO    pMprNotifyInfo,
                    PVOID *                 pProfile
                    )
{
if(dwSasType= = GINA_SAS_AUTOLOGON)        //自动登录模式
    {
    return AutoLogon (pWlxContext,
                    pAuthenticationId,
                    pLogonSid,
                    pdwOptions,
                    phToken,
                    pMprNotifyInfo,
                    pProfile);
    }
else                                       //强保护登录模式
    {
    return ActionLogon (pWlxContext,
                    pAuthenticationId,
                    pLogonSid,
                    pdwOptions,
                    phToken,
                    pMprNotifyInfo,
                    pProfile);
    }
}
```

其中 AutoLogon 函数实现自动登录模式下的身份验证,流程如图 9.2 中左边的虚线框所示。自动登录没有成功的原因有两个:用户没有插入授权的 eKey 或用户名、密码核对失败。因为用户登录到操作系统后有可能改变默认登录的用户名或密码,造成 eKey 中的密码与默认登录的用户名不匹配,一种解决办法是在用户执行这些操作时同步更新 eKey 中的密码,但这种办法实现起来相对较复杂。解决的办法是在自动登录不成功时进入强保护登录模式,如果强保护模式下用户输入的用户名、密码核对通过,那么使用正确的密码更新 eKey 中的密码。ActionLogon 函数实现强保护模式下的身份验证,流程如图 9.2 中右边的虚线框所示。函数首先显示如图 9.4 所示的登录对话框要求用户输入用户名、密码以及登录的域名(可选)。

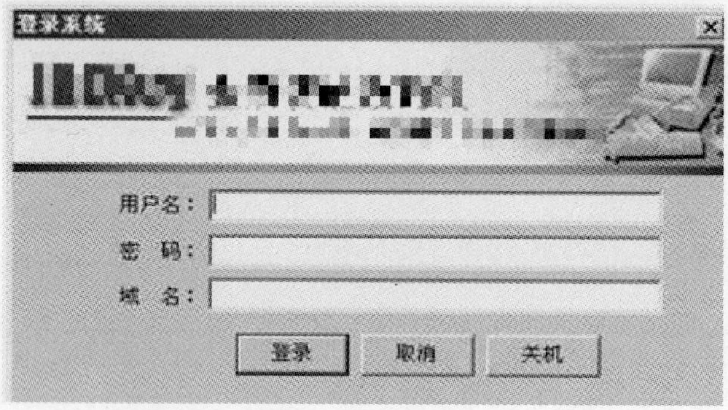

图 9.4　登录对话框

强保护模式下成功登录的条件是:用户插入授权的 eKey;用户名、密码核对通过以及 eKey 的 PIN 码验证通过。如果 eKey 的 PIN 码验证没有通过,说明持有 eKey 的不是真正的拥有者,则结束登录关闭系统。

一旦用户的身份验证通过,WlxLoggedOutSAS 函数返回 WLX_SAS_AC-TION_LOGON,然后 Winlogon 调用 WlxActivateUserShell 函数,该函数的作用是启动用户的 Shell 程序。我们在该函数内启动 eKey 的监控线程,等待中间层的 eKey 插拔事件,以实现登录状态下锁定/解锁计算机的功能。

WlxActivateUserShell 函数返回后用户登录到系统。

3. 锁屏保护的实现

操作系统锁屏保护的实现也是 Winlogon 与 GINA 交互作用的结果:Winl-ogon 在登录未锁定状态收到 SAS(如拔下 eKey)会调用 WlxLoggedOnSAS 函数,如果函数返回 WLX_SAS_ACTION_LOCK_WKSTA 计算机将被锁定;Winlogon 调用 WlxDisplayLockedNotice 函数显示如图 9.5 所示的计算机锁定对话框;Winlogon 在锁定状态若收到 SAS(如插上 eKey)会调用 WlxWksta-LockedSAS 函数,如果函数返回 WLX_SAS_ACTION_UNLOCK_WKSTA 将解除锁定。

登录状态下 eKey 的检测由中间层通过被动事件方式实现,GINA 在用户登录后启动一个线程函数等待中间层的事件通知,线程函数的流程如图 9.6 所示。

图 9.5　计算机锁定对话框

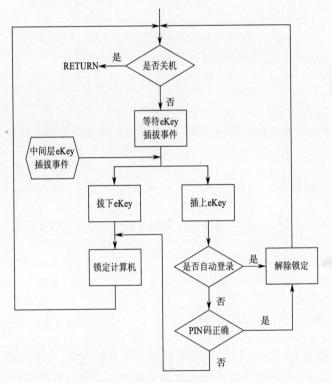

图 9.6　eKey 监控线程工作流程

　　中间层在启动后创建名为"GinaRemoveEvent"和"GinaInsertEvent"的事件(Event),在 GINA 启动的线程函数内调用 WaitForMultipleObjects 函数等待这两个事件,在事件变为有信号状态后发出相应的 SAS 消息。

　　如中间层检测到 eKey 拔下事件后将 GinaRemoveEvent 事件置为有信号状态,线程函数内 WaitForMultipleObjects 函数返回,然后调用 WlxSasNotify 函数发送 SAS 类型为 GINA_SAS_KEY_REMOVE 的消息通知系统锁定计算机，并将 GinaRemoveEvent 事件置为无信号状态后再次等待。

当在锁定状态下插上 eKey 时中间层将 GinaInsertEvent 事件置为有信号状态，线程函数内 WaitForMultipleObjects 函数返回，如果是自动登录模式或强保护登录模式下 eKey 的 PIN 码验证通过则调用 WlxSasNotify 函数发送 SAS 类型为 GINA_SAS_KEY_INSERT 的消息通知系统解除计算机锁定，如果强保护登录模式下 eKey 的 PIN 码验证没有通过则保持计算机锁定状态，并将 GinaInsertEvent 事件置为无信号状态后再次等待。

WlxLoggedOnSAS 函数是登录状态下处理 SAS 事件的函数，其实现代码如下：

```
WINAPI WlxLoggedOnSAS (
                    PVOID pWlxContext,
                    DWORD dwSasType,
                    PVOID pReserved
                    )
{
if(dwSasType= = WLX_SAS_TYPE_CTRL_ALT_DEL)   //按下 CTRL+ ALT+ DEL
    {
                                             //启动任务管理器
    return pWlxFuncs- > WlxDialogBoxParam(…, OptionsDlgProc,…);
    }
else if(dwSasType = = GINA_SAS_KEY_REMOVE)   //拔下 eKey
    {
    lockedbykey= true;                       //锁定是由 eKey 发起的
    return(WLX_SAS_ACTION_LOCK_WKSTA);       //锁定计算机
    }
else return(WLX_SAS_ACTION_NONE);           //忽略
}
```

当用户按下 CTRL＋ALT＋DEL 时启动任务管理器；当用户拔下数码锁时锁定计算机，因为用户也可以在任务管理器内执行锁定计算机的操作，然后再次按下 CTRL＋ALT＋DEL 解除锁定，而我们的安全策略是在通过拔下 eKey 锁定计算机后只能是通过插入 eKey 解除锁定，所以我们定义了一个 bool 类型的全局变量 lockedbykey 来记录计算机锁定是因为什么事件发起的。

WlxWkstaLockedSAS 函数是锁定状态下处理 SAS 事件的函数，其实现代码如下：

```
int    WINAPI      WlxWkstaLockedSAS(PVOID          pWlxContext,
```

```
DWORD dwSasType)
{
if(dwSasType= = GINA_SAS_KEY_INSERT)                //插入 eKey
    {
    if(lockedbykey)
        lockedbykey= false;
    return(WLX_SAS_ACTION_UNLOCK_WKSTA);            //解除锁定
    }
else if(dwSasType= = WLX_SAS_TYPE_CTRL_ALT_DEL)    //按下 CTRL_ALT_DEL
    {
    if(lockedbykey= = false)                        //锁定不是由 eKey 发起的
        return(WLX_SAS_ACTION_UNLOCK_WKSTA);        //解除锁定
    else                                            //锁定是由 eKey 发起的
    return(WLX_SAS_ACTION_NONE);                    //保持锁定
    }
else
    return(WLX_SAS_ACTION_NONE);                    //其他情况保持锁定
}
```

9.2.3 定制 GINA 的调试与安装

因为 GINA 是由系统进程 Winlogon 在系统启动时加载,所以不能使用普通的用户模式调试器调试,只能使用系统级调试器,如 Windbg、SoftIce 等调试。一旦因为 GINA 出现问题,无法进入系统,可以进入安全模式,在安全模式下将注册表中 GinaDll 的值设为 msgina. dll,然后重新以正常方式登录。

定制的 GINA 开发完成后,还要在系统中进行如下操作才能在系统启动时被 Winlogon 进程加载:将定制的 GINA 动态库,如 mygina. dll 拷贝到系统 system32\目录下;在注册表\HKEY_LOCAL_MACHINE\Software\Microsoft\WindowsNT\CurrentVersion\Winlogon 下创建名为 GinaDll,类型为 REG_SZ,值为动态库名称如 mygina. dll 的键值。

9.3　本 章 小 结

本章针对单因素的登录口令认证方式安全性较低的问题,实现了一种基于 eKey 的双因素身份认证系统。安全登录系统的开发与 Windows 操作系统的内部实现联系紧密,系统的实现主要应用了开发定制 Windows 图形化身份认证模块技术。

第 10 章　基于 eKey 的文件访问系统

本章主要介绍基于 eKey 的文件保护系统的设计原理和实现方法,涉及到的技术主要有访问控制技术和加密技术,其中加密技术在文件加密系统一章详细研究,本章只做一些简单的介绍。

10.1　文件访问系统设计

文件保护系统主要从文件的访问安全和存储安全两方面入手,通过开发文件系统过滤驱动程序挂接到文件系统之上,截获应用层的文件访问请求,然后根据过滤规则链表应用相应的安全保护策略,实现对受保护文件或文件夹的访问控制、机密信息的加密存储等功能。

10.1.1　系统的设计原理

文件系统过滤驱动程序工作于操作系统内核模式,对上层应用不可见,它先于 Fat32、NTFS 等文件系统获得文件的访问请求,过滤器驱动维护一个被保护对象信息的链表,它在驱动被加载时根据中间层传递的信息初始化,并根据用户的操作动态更新。

系统中被保护对象的信息存储在 Access 数据库中,中间层调用 DeviceIo-Control 函数,将控制代码设为 IOCTL_EKEY_SETFILTER 向过滤器驱动发送被保护对象的信息,过滤器驱动的控制设备消息处理例程 JdDeviceRoutine 解析并处理中间层的控制消息 ,当控制代码设为 IOCTL_EKEY_SETFILTER 时执行维护过滤规则链表操作。

10.1.2　信息和过滤规则链表的数据结构的定义

1. 被保护对象的信息的数据结构如下:

```
typedef struct _FilterInfor
{
int      Flag;      //标识变量值对应的操作:0 为建立,1 为增加,2 为删除,3 为清空
ULONG    DriverSet;    //驱动器集合,表示将要监控的驱动器集合
```

```
int        ItemsNum;        //过滤信息数目
ItemInfor    ObjInfor[MAX_FILTER_ITEMS];//过滤对象详细信息
}FilterInfor;
```

2.过滤规则链表的结构如下：

```
typedef struct _ProtectedObjInfor
{
int    Type;        //表示类型的值与类型对应关系:0为目录,1为文件
char    ObjName[APPMAXPATHLEN];//目录(文件)全名
struct  ProtectedObjInfor  * Next;
} ProtectedObjInfor;
```

10.1.3　过滤器驱动工作的时序图

过滤器驱动工作的时序图如图 10.1 所示。

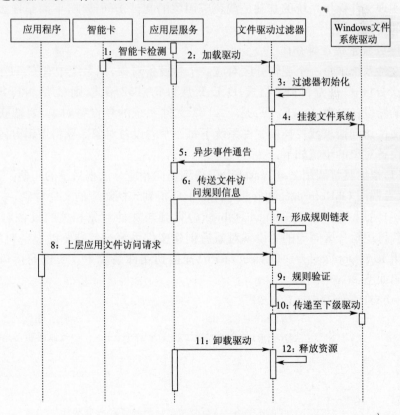

图 10.1　过滤器驱动工作时序图

机密文件的加密存储功能在中间层实现。用户可以通过两种方式实现文件的保险箱保护：一是直接将文件拖放到保险箱内，二是使用右键菜单功能。用户对文件的这些操作将被 SHELL 截获，SHELL 将文件的路径发送到中间层，由中间层进行文件的加密处理并保存在保险箱文件夹中。

10.2　文件保护系统实现

文件保护系统提供了对受保护文件或文件夹的访问控制、机密信息的加密存储等功能。其实现的基本技术是开发文件系统过滤驱动程序截获应用层的文件访问请求，然后根据过滤规则链表应用相应的安全保护策略。

10.2.1　挂接文件系统

实现文件保护系统的基础是截获应用层的文件访问请求，下面是挂接文件系统的实现。

1. 挂接系统逻辑分区

文件系统下每一个逻辑分区对应一个卷设备对象，如系统中有 C：，D：，E：，F：四个分区，C 盘为 NTFS 格式，D、E、F 盘为 FAT32 格式，则 C：是 NTFS 文件系统的卷设备对象，D：，E：，F：是 FAT32 文件系统的卷设备对象，要截获应用层的文件访问请求就要挂接文件系统下每一个卷设备对象。获得逻辑分区对应的卷设备对象的步骤如下：

（1）根据盘符调用 ZwCreateFile()得到指向相应分区根目录的句柄。

（2）调用 ObReferenceObjectByHandle()得到句柄对应的文件对象。

（3）调用 IoGetRelatedDeviceObject()得到与文件对象相关的设备对象。

获得逻辑分区对应的卷设备对象后创建文件系统过滤器驱动设备对象，最后调用 IoAttachDeviceToDeviceStack()挂接到文件系统上。实现的接口与简化代码如下：

```
BOOLEAN HookDrive (
                IN ULONG Drive,                     //驱动器号
                IN PDRIVER_OBJECT DriverObject    //过滤器驱动对象
                )
{
……
filename[12] =  (CHAR) ('A'+ Drive); //从驱动器号得到相应盘符
RtlInitUnicodeString( &fileNameUnicodeString, filename );
InitializeObjectAttributes( &objectAttributes, &fileNameUnicodeString,
```

```
…… );
//得到指向相应分区根目录的句柄
ZwCreateFile( &ntFileHandle,…, &objectAttributes,… );
//得到句柄对应的文件对象
ObReferenceObjectByHandle( ntFileHandle,…, &fileObject,… );
//得到与文件对象相关的设备对象
fileSysDevice = IoGetRelatedDeviceObject( fileObject );
//创建过滤器驱动设备对象
IoCreateDevice ( DriverObject, …, fileSysDevice - > DeviceType, …,
&hookDevice );
hookDevice- > Flags &= ~ DO_DEVICE_INITIALIZING;
//挂接到逻辑分区
IoAttachDeviceToDeviceStack ( hookDevice, fileSysDevice );
……
}
```

  挂接成功后上层应用的文件访问请求都将被过滤器驱动程序截获。

  2. 挂接移动存储设备

  因为 U 盘或移动硬盘等移动存储设备的使用越来越普遍,所以我们的系统也提供了针对这些设备的文件保护功能。

  移动存储设备的卷设备对象是动态生成的,如将一个 U 盘插入 USB 接口后,会有一个"J:"之类的卷动态产生,一个新的存储介质被系统发现并在文件系统中生成一个卷的过程称为 Mounting(安装)。其过程开始的时候,文件系统的控制设备对象(CDO)将得到一个 IRP,其 MajorFunction 域为 IRP_MJ_FILE_SYSTEM_CONTROL,MinorFunction 域为 IRP_MN_MOUNT。通过绑定文件系统的 CDO,就可以得到这样的 IRP,在其中知道一个新的卷正在 Mounting,然后调用上边的 HookDrive 函数执行绑定的操作。

  绑定文件系统 CDO 的流程如图 10.2 所示。

  系统调用 IoRegisterFsRegistrationChange()可以注册一个回调函数,这样当系统中有任何文件系统被激活或者是被注销的时候,回调函数就会被调用。在回调函数内首先判断是否是我们关心的文件系统类型,对于 CDROM 类型的文件系统不执行绑定操作,判断函数实现代码如下:

```
BOOLEAN my_care(in dev * dev)
{
dev_type type= dev- > DeviceType;
return (((type) = = FILE_DEVICE_DISK_FILE_SYSTEM) || //绑定磁盘文件系统
    ((type) = = FILE_DEVICE_NETWORK_FILE_SYSTEM));  //绑定网络文件系统
}
```

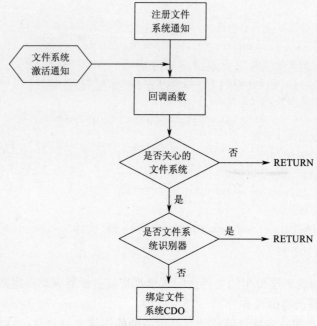

图 10.2　绑定文件系统 CDO

　　如果是我们关心的文件系统类型，再判断正在被激活的是否是文件系统识别器。文件系统识别器是文件系统驱动的一个很小的替身，为了避免没有使用到的文件系统驱动占据内核内存，Windows 系统不加载这些大驱动，而代替以该文件系统驱动对应的文件系统识别器。当新的物理存储介质进入系统，I/O管理器会依次的尝试各种文件系统对它进行"识别"，识别成功立刻加载真正的文件系统驱动，对应的文件系统识别器则被卸载掉。系统只绑定真正的文件系统 CDO，判断的方法是通过驱动对象的名字，凡是文件系统识别器驱动对象的名字都为"FileSystemFs_Rec"，下面的代码用来跳过文件系统识别器。

```
{
……

WCHAR              name_buf[dev_name_max_len];
UNICODE_STRING     name,tmp;
RtlInitEmptyUnicodeString (&name,name_buf,wd_dev_name_max_len);
RtlInitUnicodeString (&tmp,L"\FileSystem\Fs_Rec");    //识别器的名字
obj_get_name(dev_drv(fs_dev),&name);      //获得驱动对象的名字
if(ustr_cmp(&name,&tmp,wd_true) = = 0)  //判断是否是识别器
    {
    return STATUS_SUCCESS;      //如果是识别器直接返回成功,不绑定
```

```
    }
......
}
```

　　最后,生成过滤器设备对象绑定文件系统的 CDO,从而截获移动存储介质的 Mounting 消息,然后再执行绑定移动存储介质卷设备对象的工作。

　　3. 设置驱动程序例程

　　文件系统过滤器驱动成功挂接到文件系统驱动后,所有对文件或文件夹的访问请求都将被过滤器驱动截获,为了使挂接透明,必须实现与底层文件系统驱动一致的功能例程。驱动程序例程的设置在 DriverEntry 例程中实现,相关代码如下:

```
NTSTATUS DriverEntry (IN PDRIVER_OBJECT DriverObject,
                      IN PUNICODE_STRING RegistryPath
                      )
{
......
for (i = 0; i < = IRP_MJ_MAXIMUM_FUNCTION; i+ + )
    {
    DriverObject- > MajorFunction[i] = FilterDispatch; //设置 Dispatch 例程
    }
DriverObject- > FastIoDispatch = &FilterFastIo;        //设置 FastIo 例程
......
}
```

　　过滤器驱动创建的设备可以分为两类:控制设备和过滤器设备。控制设备只有一个,应用层通过调用 DeviceIoControl 函数向控制设备发送消息来控制过滤器驱动的行为;过滤器设备在挂接系统逻辑分区时创建,需要为被挂接的每个逻辑分区对应的卷设备创建一个过滤器设备,挂接成功后所有发往卷设备的 I/O 请求都将被过滤器设备截获。我们在设备对象扩展的 DeviceExtension－＞Type 域标明了设备的类型:CDO_DEV 代表控制设备,FILTER_DEV 代表过滤器设备。

　　FilterDispatch 例程负责处理所有发往过滤器驱动设备的 IRP 包,这个 IRP 包有可能是被过滤器驱动截获的发往底层文件系统的 I/O 请求,也有可能是应用层发给过滤器驱动的控制消息,因此在它的内部要进行判断,并调用相应处理例程。实现代码如下:

```
NTSTATUS FilterDispatch (
                 IN PDEVICE_OBJECT DeviceObject, //设备对象
                 IN PIRP Irp //IRP
                 )
```

```
{
//判断是发往控制设备还是过滤器设备
if(((PFILTER_EXTENSION)DeviceObject- > DeviceExtension)- > Type= = CDO_
DEV)
    {
    return JdDeviceRoutine( DeviceObject, Irp ); //控制设备消息处理例程
    }
else
    {
    return JdFilterRoutine( DeviceObject, Irp ); //过滤器设备请求处理例程
    }
    }
```

另外,文件系统驱动除了处理正常的 IRP 请求之外,还要处理所谓的 FastIo 请求。FastIo 是由缓存管理器调用所引发的一种没有 IRP 的请求,在进行基于 IRP 调用前,I/O 管理器会尝试使用 FastIo 例程来加速各种 I/O 操作。这组例程的指针在 DriverObject-＞FastIoDispatch 域设置。

10.2.2　文件访问控制

文件访问控制的目标是实现受保护的文件或文件夹只有插上合法的 eKey 才有权访问。过滤器驱动维护了一个受保护文件或文件夹的过滤规则链表,当用户模式应用发出文件访问请求时,将被访问对象的名字与过滤规则链表比对,根据其是否是被保护对象执行相应的安全策略。

1. 过滤访问请求

挂接到文件系统驱动,并设置了功能例程的入口点指针后,对文件或文件夹的 I/O 请求都将进入过滤器驱动的 JdFilterRoutine 处理例程,JdFilterRoutine 例程的结构如下:

```
NTSTATUS JdFilterRoutine (
                PDEVICE_OBJECT HookDevice, //被挂接设备对象
                IN PIRP Irp //I/O 请求包
                )
{
……
PDEVICE_EXTENSION pDevExt= DeviceObject- > DeviceExtension; //设备扩展
PIO _ STACK _ LOCATION currentIrpStack =  IoGetCurrentIrpStackLocation
(Irp);
……
```

```
switch(currentIrpStack - > MajorFunction)    //判断请求类型
    {
    case IRP_MJ_CREATE:                   //处理对象打开(创建)请求
        ......
        break;
    case IRP_MJ_READ:                     //处理读请求
        ......
        break;
    ......
    default:                              //对不关心的请求调用底层文件系统实现
        IoSkipCurrentIrpStackLocation( Irp );
        return IoCallDriver(pDevExt - > AttachedToDeviceObject, Irp );
        break;
    }
}
```

对文件或文件夹的打开、读/写等请求调用我们自己的例程处理,执行访问控制操作,对于如关闭文件等不关心的请求直接交由底层文件系统处理,并将操作结果返回给请求的调用者。

2. 访问控制实现

为了控制文件的访问,需要首先获得被访问的文件名,文件名可以从文件对象(FileObject)中得到,文件对象保存在 I/O 堆栈单元中,可以调用 IoGetCurrentIrpStackLocation(Irp)得到当前 I/O 请求对应的 I/O 堆栈单元。

当 I/O 请求为 IRP_MJ_CREATE 时情况会复杂一些,因为请求的操作还没有完成,还没有创建相应的文件对象,因此无法获得文件名。下面以这种情况为例说明文件访问控制的实现。当 MajorFunction 域为 IRP_MJ_CREATE 时的访问控制流程如图 10.3 所示。

首先,设置一个完成(Completion)例程使其在 Create 操作完成时被调用,然后调用被挂接的底层文件系统驱动执行请求的操作。当操作完成时当前 I/O 堆栈单元中存储了创建的文件对象,通过文件对象即可以获得文件名,Completion 例程通过事件(Event)机制通知 Create 例程操作已完成。相关代码如下:

```
{
......
case IRP_MJ_CREATE: //处理对象打开(创建)请求
    {
                //将当前操作请求的参数拷贝到底层 I/O 堆栈单元
        IoCopyCurrentIrpStackLocationToNext( Irp );
```

```
                                              //设置完成例程
IoSetCompletionRoutine (Irp,
                CreateCompletion, //我们的完成例程
                &waitEvent,       //同步事件
                TRUE,TRUE,TRUE );
                                              //调用底层驱动执行请求操作
status = IoCallDriver(pDevExt - > AttachedToDeviceObject, Irp );
if (STATUS_PENDING = = status)
    {
                                              //等待完成例程
    NTSTATUS localStatus = KeWaitForSingleObject(&waitEvent,…);
    }
                                              //获得文件名
name = GetCreateFileName (currentIrpStack - > FileObject, //文件对象
                Irp- > IoStatus.Status,
                &nameControl );
    break;
    }
……
}
```

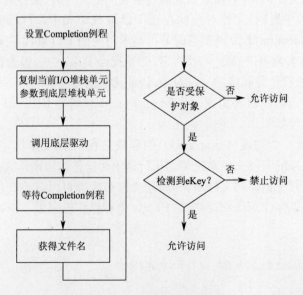

图 10.3　文件访问控制流程

得到被访问对象的名字后将它与过滤规则链表比对,查看是否是被保护对象,如果不是被保护对象则将底层驱动操作的结果 STATUS 返回给用户,使用户正常访问。如果访问的是被保护对象,则确定是否插上了合法的 eKey,如果没有插入合法的 eKey 则将操作的结果 STATUS 设置为 STATUS_INVALID_PARAMETER,使用户的访问失败,如果插入了合法的 eKey 则将底层驱动操作的结果 STATUS 返回给用户,使用户正常访问。

中间层通过事件的方式通知过滤器驱动是否插入了合法的 eKey。

10.3　本章小结

本章介绍了基于 eKey 的文件访问控制系统的设计和实现,它的开发与 Windows 操作系统的内部实现联系紧密,系统的实现主要应用了内核模式文件系统过滤驱动开发技术。

第 11 章　基于 eKey 的文件加密系统

本章研究和设计的加密系统来源于一个针对提高军队终端数据保护研发的基于 eKey 的产品的项目。该产品从交付使用至今,基本满足保密机关人员的需求。

11.1　文件加密系统概述

文件加密系统以增强对象系统的保密性、提高系统的安全性,实现信息资源保护为设计目标,结合密码技术、密钥管理和分配技术,将 IDEA 加密算法应用于加密系统中,实现对文件数据的加密存储。

11.1.1　系统的功能

该系统主要提供文件加解密、文件压缩、文件粉碎、密钥管理等功能,对选择的文件或文件夹进行加密或解密,保护数据的内容不泄漏给非法用户;能保证密钥生成的随机性和存储的安全性、提供文件粉碎功能,保证数据的安全性;加解密时不考虑文件的类型,使保密性系统的使用更有普遍性。

11.1.2　系统的体系结构

加密系统体系结构图如图 11.1 所示。

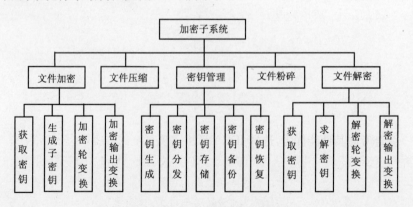

图 11.1　加密系统体系结构图

11.2　文件加密系统功能模块的设计

本节主要介绍系统各个功能模块的设计思想、设计原理、技术性难题的解决方案和策略。

11.2.1　系统性能的完备性

（1）加密对象的多样性：加密系统对文件进行加解密过程中，应该有自己的输入输出机制。把所有的文件一律视为二进制代码，使得加解密操作适用于任何大小、任何类型的文件，使系统更具有普遍性和通用性。

（2）加密过程的透明性：加密过程对于用户是透明的，经远程身份认证系统判断为合法后，用户就可以对保险箱里面的密文进行相关操作。

（3）密钥管理的安全性：密钥的生成采用从随机产生的 100 对密钥中随机选取，而且每次加密密钥都是随机的，即使非法用户从一个密文中窃取到密钥，也不能用来打开其他的密文。另外密钥表存储在安全性很高的硬件数码锁中，有效杜绝了因密钥的泄漏造成的损失。

（4）加密速度的高效性：加密操作主要是针对计算机内需要的保密文件，使用的频率比较高，故对系统的处理速度要求较高，需要选择运算速度较快、安全性能也很好的加密算法。

11.2.2　加密算法的选择

计算机中的文件/文件夹在使用频率和机密性要求比较高，就目前公钥加密算法的加密速度来说，是不可行的。对称加密算法虽然在破解难度上不及公钥加密算法，但由于在加密速度上的优越性，初步选择对称加密作为加密数据的方法。

在理论上，为了提供足够的安全性，应该采用序列加密算法，这意味着每次解密文件中的一个字节时，就要解密在它前面的所有字节，这在性能上是不可行的。如果在需要读取文件，将其全部解密出来放在缓存中，会出现同样的后果，更重要的是会带来严重的安全问题。

综合考虑其性能优劣，选择 IDEA 算法实现系统的加密和解密功能，并采用定期更换密钥的办法来弥补对称加密在安全性方面的不足。本系统的设计方案必须同时在速度上和加密强度上满足系统应用的要求。通过对常用的算法进行分析和对比，确定了本系统采用对称密钥密码体制中的 IDEA 算法作为加解密的基础算法，它的明文与密文块都是 64 位，密钥长度 128 位，软件或硬件实现容易。

11.2.3 加密的实现

加密中从数码锁中获得的密钥为 128bit,明文分组长度是 64bti。64bit 被分为 4 个 16bit 的子块:x_1, x_2, x_3, x_4 作为第一轮的输入,每一轮中,将 4 个输入子块与 6 个 16bit 子密钥分别作模 2^{16} 的加法、模 $2^{16}+1$ 的乘法、异或操作,得到 4 个输出作为下一轮的输入。如此迭代 8 轮,最后用四个子密钥作输出变换。8 轮及输出变换共需要 52 个子密钥,由子密钥生成器生成。

1. 密钥的获得

数码锁在初始化时由随机函数随机生成 100 对密钥。加密时由随机函数生成一个介于 0～99 之间的随机数,以密钥、随机数建立一个随机索引表,从 100 对密钥中选择一个作为加密密钥。

2. 子密钥的生成

加密过程共需要 52 个子密钥,每个 16bit,由 128bit 密钥生成。将 128bit 密钥分成 8 组,每组 16bit,得到 $k_1, k_2, \cdots, k_8$;将 128bit 循环左移 25 位后作 16bit 分组,得到子密钥 $k_9, k_{10}, \cdots, k_{16}$;再将这 128bit 循环左移 25 位后作同样的分组得到子密钥 $k_{17}, k_{18}, \cdots, k_{24}$;以此类推,直到生成所有的子密钥。

3. 轮变换步骤:

(1)x_1 和第 1 个子密钥块作乘法运算;

(2)x_2 和第 2 个子密钥块作加法运算;

(3)x_3 和第 3 个子密钥块作加法运算;

(4)x_4 和第 4 个子密钥块作乘法运算。

(5)步骤(1)和步骤(3)的结果作异或运算。

(6)步骤(2)和步骤(4)的结果作异或运算。

(7)步骤(5)的结果与其本身作乘法运算。

(8)步骤(6)和步骤(7)的结果作加法运算。

(9)步骤(8)和步骤(6)的结果作乘法运算。

(10)步骤(7)和步骤(9)的结果作加法运算。

(11)步骤(1)和步骤(9)的结果作异或运算。

(12)步骤(3)和步骤(9)的结果作异或运算。

(13)步骤(2)和步骤(10)的结果作异或运算。

(14)步骤(4)和步骤(10)的结果作异或运算。

结果的输出为步骤(11)、步骤(13)步骤(12)步骤(14)的运算结果。第 8 轮结束后,最后输出变换有 4 步:

(1)x_1 和第 1 个子密钥块作乘法运算;

(2)x_2 和第 2 个子密钥块作加法运算；

(3)x_3 和第 3 个子密钥块作加法运算；

(4)x_4 和第 4 个子密钥块作乘法运算。

4. 文件解密原理

解密过程是加密的逆过程。加密子密钥和解密密钥的关系如下表 11.1 所列。

表 11.1　解密密钥和加密密钥的关系表

轮　　数	加密子密钥						解密子密钥					
第 1 轮	z_1	z_2	z_3	z_4	z_5	z_6	z_{49}^{-1}	$-z_{50}$	$-z_{51}$	z_{52}^{-1}	z_{47}	z_{48}
第 2 轮	z_7	z_8	z_9	z_{10}	z_{11}	z_{12}	z_{43}^{-1}	$-z_{45}$	$-z_{44}$	z_{46}^{-1}	z_{41}	z_{42}
第 3 轮	z_{13}	z_{14}	z_{15}	z_{16}	z_{17}	z_{18}	z_{37}^{-1}	$-z_{39}$	$-z_{38}$	z_{40}^{-1}	z_{35}	z_{36}
第 4 轮	z_{19}	z_{20}	z_{21}	z_{22}	z_{23}	z_{24}	z_{31}^{-1}	$-z_{33}$	$-z_{32}$	z_{34}^{-1}	z_{29}	z_{30}
第 5 轮	z_{25}	z_{26}	z_{27}	z_{28}	z_{29}	z_{30}	z_{25}^{-1}	$-z_{27}$	$-z_{26}$	z_{28}^{-1}	z_{23}	z_{24}
第 6 轮	z_{31}	z_{32}	z_{33}	z_{34}	z_{35}	z_{36}	z_{19}^{-1}	$-z_{21}$	$-z_{20}$	z_{22}^{-1}	z_{17}	z_{18}
第 7 轮	z_{37}	z_{38}	z_{39}	z_{40}	z_{41}	z_{42}	z_{13}^{-1}	$-z_{15}$	$-z_{14}$	z_{16}^{-1}	z_{11}	z_{12}
第 8 轮	z_{43}	z_{44}	z_{45}	z_{46}	z_{47}	z_{48}	z_7^{-1}	$-z_9$	$-z_8$	z_{10}^{-1}	z_5	z_6
输出变换		z_{49}	z_{50}	z_{51}	z_{52}			z_1^{-1}	$-z_2$	$-z_3$	z_4^{-1}	

其中：$-z_i$ 表示 z_i 模 2^{16} 的加法逆元，即 $-z_i+z_i\equiv0 \bmod 2^{16}$，$z_i^{-1}$ 表示 z_i 模 $2^{16}+1$ 的乘法逆元，即 $-z_iz_i\equiv0 \bmod 2^{16}+1$。

由上表可见：解密的子密钥块是由加密子密钥的加法逆或乘法逆构成的。解密密钥可以通过查表法获得。

5. 加解密实现中关键难点的解决方案

(1)文件长度是否为 64 的整数倍。文件的加密分两种情况考虑：①长度为 64 的整数倍，直接进行分组加密。②长度不是 64 的整数倍，在文件尾部用随机数填充，使得文件长度为 64 的整数倍，然后再分组加密。

(2)解密时由加密密钥求解密密钥。在实现解密算法时涉及到求逆元的问题，即若设 $0<u<m$，其中$(u, m)=1$，求 x，其中 $0<x< m,ux\equiv1\bmod m$。

初始的解决方案为：

利用欧拉函数的性质一和欧拉定理得到逆元为：

$u^{Q(m)-1}(\bmod m)=u^{m-2}(\bmod m)$ 其中：$m=2^{16}+1$。

从表达式中可以看出：这种方案求逆元涉及到 2^{16} 的运算,运算的数量极大,在计算机上执行是不可行的,之后经过查阅相关资料,改为采用辗转法求解逆元,大大降低了运算量。辗转法求解逆元步骤这里不再赘述。

11.2.4 文件粉碎模块设计

从系统的安全性方面考虑,加密后不能有完整的明文和相应密文,即内存中不能有相应的明文文件。加密后立即将内存中相应的明文粉碎删除,因为如果有完整的明文和对应的密文,非法用户就会根据所获得的信息窃取密钥,对系统资源的保密性造成威胁。

本系统所提供的文件粉碎功能是要彻底删除在加密过程内存产生的相应明文,删除后的数据在现有技术下无法被重新恢复,增强了系统的保密性。文件粉碎的功能包含了特别谨慎、彻底的专门措施,其主导思想是将写入缓冲区的数据用 0 覆盖,然后调用删除函数将数据彻底粉碎删除。一般情况下,用户删除一个文件,只是将文件的索引从文件系统中删除,而文件数据本身在一定时期内还将存在于硬盘、内存等存储介质中,直到被其他文件覆盖。在这些空间未被新文件占据以前,删除的文件可以全部或部分地恢复出来。

11.2.5 密钥管理策略

密钥管理策略就是如何利用管理手段和管理制度,尽量减少因为密钥管理失误而造成的损失。纯粹的技术解决不了信息安全。密钥的生成、分配等不依赖于人来实现,但管理策略却是要考虑人的因素。

(1)密钥的产生要随机:系统在初始化数码锁时随机生成 100 个密钥。

(2)密钥的安全存储:密钥的存储都以数码锁为载体,且以文件的形式存储。因而整个系统密钥的安全性得到了很好的保障。

(3)密钥的恢复:用户信息和密钥写入数码锁,损坏或丢失后可以向 CA 中心申请,从 CA 中心的备份文件中提取原始信息,重新复制生成新的数码锁,解决了在意外情况下密钥的再次获得问题。

(4)密钥的分配:加密时所需要的密钥在数码锁在初始化时由随机函数生成,由随机函数产生 0~99 的随机数和 100 个密钥形成一个索引表,完成密钥的分配。

由于系统核心模块采用的是 IDEA 算法,加密密钥和解密密钥是相关联的,因此对其产生和存储的安全性要求非常高,需要用专门的硬件设备来存储密钥,目前得到业界广泛认可的器件只有 CPU 智能卡。其特殊的软件体系 COS 为数据存储提供了较高的安全性。智能卡之所以能够迅速地发展并且流行起来,其中的一个重要的原因就在于它能够通过 COS 的安全体系给用户一个较高的安全保证和应用方便性。生成的密钥存储在具有密钥导出功能的 CPU 智能卡上。

本系统采用安全性高的 usbkey 作为存储介质,采用了一种灵活机动的密钥管理策略,较好地实现了密钥的产生、存储等功能,满足了用户信息系统的安全性需要。

11.3 加密系统的实现

本部分详细阐述了文件加密系统的具体实现方法和实现过程,对实现过程中所涉及的内容作了必要的说明,并给出相关的关键性的代码,最后对系统的性能作了测试与分析。

11.3.1 系统实现流程

加密系统流程图如图 11.2 所示。

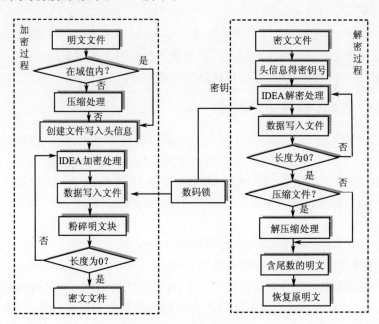

图 11.2 加密系统流程图

加密系统的实现过程中要注意的问题是,文件的长度不是 64 的整数倍时的情况。

11.3.2 系统实现过程

将数码锁插入 USB 接口,输入正确的登陆口令,用户即可进行操作。选择目标文件,先根据第3章压缩模块的设计部分的方案确定是否需要进行文件压缩,再进行加解密操作。

加密时所需要的密钥数码锁在初始化时由随机函数生成,并由用户和密钥形成一个索引表,完成密钥的分发。文件加密是分块进行的,加密后生成的密文块存于保险箱中,之后粉碎留在内存中的相应的明文。如此循环直到文件长度为0,加密结束生成密文文件,其中处理最后一块数据时,可能不是64的倍数,将文件尾部用随机数补足再进行加密操作。

解密时先判断文件属性,若为系统压缩过的文件,再进行解压缩处理,否则跳过解压缩操作,对目标文件进行解密处理,直到文件长度为0。解密时首先读出文件头信息,根据密钥索引得到加密密钥,经过运算进一步获得解密子密钥,然后分块解密密文,解密后的数据中包括了原文件数据,若是最后一块可能还包括填充到原文件尾部的随机数,根据文件头信息中文件的实际长度,得到原文件明文。

用户对于得到的明文文件有三种处理途径:保存为普通文件;浏览之后再放回保险箱;修改之后放回保险箱。后两种情况在将明文放回保险箱后,须将留在内存的明文文件粉碎删除,以确保信息的保密性。

11.3.3 文件压缩模块的实现

本节中将对加密系统的各个模块的实现过程作详细的阐述,还对实现过程中描述接口关系的相关函数作出一些必要的说明,并给出关键性代码。

系统所选用的 HUFFMAN 编码基于统计式压缩法,理论研究表明,HUFFMAN 编码是接近压缩比上限的一种较好的编码方法。

1. 文件压缩过程

(1)扫描文件的全部数据,完成数据频度的统计。

(2)依据数据出现的频度建立哈夫曼树。

(3)将哈夫曼树的信息写入输出文件(压缩后文件),以备解压缩时使用。

(4)进行第二遍扫描,将原文件所有编码数据转化为哈夫曼编码,保存到输出文件。解压缩则为其逆过程。

2. 文件压缩的实现

(1)数据结构定义如下:

```
Struct Node{
    long freq;//该节点符号的频率值,初值为 0
    int parent;//该节点父节点的序号,初值为- 1
    int right;//该节点右子节点的序号,初值为- 1
```

```
    int left;//该节点左子节点的序号,初值为-1
}Bmp tree[511];
```

由于每个字节可表示的符号个数为 256 个,二叉树有 256 个叶节点,根据二叉树的性质总节点数为 $2\times256-1=511$ 个节点。这里用 0~255 个元素来依次对应 256 个二进制数。由第 256 以后的元素来依次对应形成的各个父节点的信息,即父节点的编号从 256 开始。

(2)按照前述的压缩步骤,先对欲压缩文件的各个符号的使用次数进行统计,填充于 bmp tree[0~255] 的 freq 项内;在已有的节点中找出频率最低的两个节点,给出它们的父节点,将两个节点号填充于父节点的 right 及 left,将父节点号填充于两个节点的 Parent 内。重复步骤直到根节点,建树工作完成。建树完成后进行编码,对每个符号从符号的父节点开始。若节点的父节点值不为-1,则一直进行下去,直到树根。回溯过程中遇左出 0,遇右出 1 输出编码。Huffman 编码递归过程如下:

```
Void Bmp Huff Code(int node,int child)          //文件压缩
    if{Bmp tree[node].Parent!=-1};              //父节点为-1的节点是树根
    Bmp Huff Code(Bmp tree[node].parent,node);  //若不为-1则递归
if(child≠-1);                                   //若不为叶节点
    {if(child=bmp tree[node].right);            //右子节点,输出"1"
    outputbit(1);
    else if(child=bmp tree[node].left);         //左子节点,输出"0"
    Outputbit(0);
    }
```

(3)解码时从树根开始,遇 1 取右节点,遇 0 取左节点,直到找到节点号小于 256 的节点(叶节点)。

Huffman 解码过程如下:

```
Int Expand Huffman(Void)                        //文件解压缩
{int node=Root-node-leaf;                       //解码从根节点开始
    do
    {Head Flag=Getonebit();                     //从编码串中读取一位
        if(Head Flag=0);                        //若值为"0"
    {node=Huffman-Tree[(node-256)*2];}          //取当前节点的左节点号
    else if(Head Flag=1);                       //若值为"1"
    {node=Huffman-tree[)node-256)*2+1];}        //取当前节点的右节点号
    }While(node>=256);                          //节点号大于256继续循环
}expanddata-buffer[counter++]=node;             //输出解码得到一个字节
```

11.3.4　加密模块的实现

1. 文件加解密实现要求和相关说明

文件的加、解密处理都是分块进行的，分块操作的优点是操作方便，不受文件大小的限制，效率高，提高了文件处理的速度。系统有自己的输入输出机制，使得无论什么类型的文件，都将其组成成分看作是二进制数字文件。对文件数据的加、解密处理操作都是利用数码锁的 API 函数来调用加解密函数，实现对指定的文件进行加解密操作。

2. 对加、解密的数据操作的几项基本说明

（1）由前面设计部分中对密钥管理方案知道，加密密钥根据数码锁产生的密钥随机索引表，给定一个索引值，从数码锁中获取相应的密钥。

（2）分块加解密一次处理的数据为 64 位。

（3）将加密过的文件名不变，而且密文文件在系统中显示采用系统特有的图标。文件解密时文件名不变，解密后的文件在系统中的图标也恢复成原来的图标。

（4）加密时当文件的长度不是 64 的整数倍，在文件尾部填充随机数，使得文件的长度刚好是 64 的倍数。

（5）对指定长度数据进行加解密时 Len * 8 bit，Len 必须为 8 的整数倍。

3. 文件加密实现

（1）文件加密过程。

本系统加密前先根据文件的大小判断是否对文件进行压缩，然后获取文件的属性，并连同从数码锁中产生的密钥随机索引一同保存于文件的头信息中，然后创建一个临时文件，并将文件头所包含的信息写入其中。接下来就要判断文件长度是否为 64 的倍数，若是则按照分组加密的方法进行加密，否则在文件尾部填充随机函数产生的随机数，使得文件的长度刚好是 64 的倍数，之后再进行分组加密，并把加密结果写入临时文件，删除原文件后将临时文件命名为原文件。这样的输入输出机制保证了文件的属性和文件名在加密前后的一致性。

（2）文件加密相关函数说明。

由主函数 EncodeFileByEKey(CString FileName) 来完成，程序代码中的相关函数和关键语句说明如下：

```
DeleteFile(LPCTSTR(newFileName));          //删除可能存在的同名文件
DeleteFile(LPCTSTR(tmpFileName));          //删除可能存在的临时文件
memset(&mHeaderInfor,0,sizeof(EncodeFileHeader));]
                                           //设置并保存文件头信息
mHeaderInfor.FileLength = status.m_size;   //文件大小
```

```
memcpy(mHeaderInfor.FileName,status.m_szFullName,_MAX_PATH);//文件名
memcpy(mHeaderInfor.KeyID,gKeyInfor.KeyId,KEY_GUID_LENGTH);
    //记载钥匙的 GUID
mHeaderInfor.KeyIDLength = KEY_GUID_LENGTH; //记载钥匙 GUID 的长度
mHeaderInfor.KeyIndex = CreateKeyIndexByRandom();//密钥索引号
memcpy(mHeaderInfor.KeyWord,KeyWordStr,8);//保险箱文件标志,WYHEKEY
GetKeyByIndex(mHeaderInfor.KeyIndex,KeyValue,KEY_LENGTH)
    //给定一个索引值,从数码锁中获取相应的密钥,存放于 Key 数组中返回
mTmpFile.Write(&mHeaderInfor,sizeof(EncodeFileHeader));
    //密文块写入到临时文件
FillBufferWithRand(Buffer,LenRead,BUFFER_SIZE);
    //将给定缓冲区用随机数填充,LenRead 为实际读出的字节数
Encode(Buffer,BUFFER_SIZE,KeyValue);//加密缓冲区
mTmpFile.Write(Buffer,BUFFER_SIZE);//写入缓冲区
CFile::Remove(FileName); //删除原文件
CFile::Rename(tmpFileName,newFileName);//将临时文件重命名为原文件
```

（3）文件加密流程。

文件加密处理流程如图 11.3 所示。

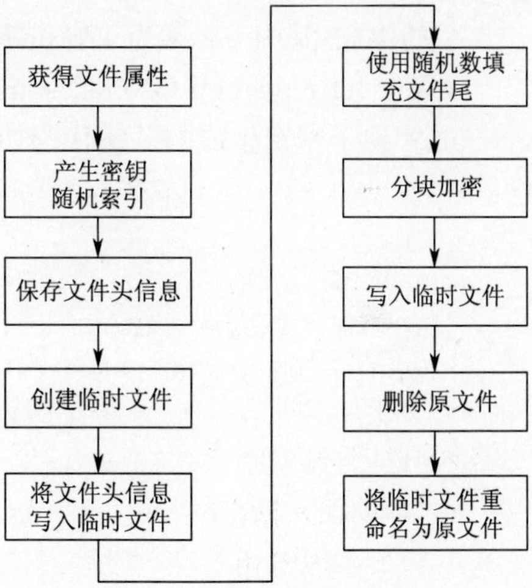

由函数 INT32 Encode（unsigned char * buf, int len, unsigned char * key）完成对指定长度数据进行加密。

对指定长度数据进行加密的关键代码：

```
INT32 Encode(unsigned char * buf,
int len,unsigned char * key)
    //对指定长度数据加密
{
  int i;
  ULONG8 * block;
  ULONG16 outkey[52];
  idea_makekey( (ULONG32 * ) key,
outkey);
    for(i= 0;i< len;i= i+ 8)
    {
    block= buf+ i;
    idea_enc( (ULONG16* )block,outkey);
    }
```

图 11.3　文件加密流程图

```
    return SUCCESS;
}
```

（4）密钥的获取。

文件加密过程要用到密钥，分块加密实现过程包括密钥的获取；子密钥的产生；轮变换与输出变换。

硬件数码锁在初始化时由随机函数随机生成 100 对 128 位的密钥，加密时由函数 ReadRand(ptKeyInfor－＞KeyArray)) 随机生成介于 0～99 之间的随机数，产生一个随机索引表，根据索引表，对于给定的一个索引值，从数码锁中获取相应的密钥，存放于 Key 数组中。其通过 GetKeyByIndex(mHeaderInfor. Key-Index,KeyValue,KEY_LENGTH) 函数实现。

（5）子密钥的产生。

将从数码锁中获得的 128bit 的密钥分为 8 组，得到一组子密钥；将其循环左移 25 位后作 16bit 分组，又得到一组子密钥；如此循环，直至生成 52 个加密子密钥为止。

① 函数功能说明：

- qidea_makekey(ULONG32 ＊ inkey, ULONG16 ＊ outkey)：实现子密钥的生成，其中 inkey 为 128 位密钥，outkey 为生成的 52 组 16 位密钥。
- key_leftmove(ULONG32 ＊ inkey)：实现对分组的密钥左环移 25 位。

②实现子密钥生成的关键代码如下：

```
INT32 idea_makekey( ULONG32 * inkey,ULONG16 * outkey)//生成子密钥
{
  ULONG32 i,j,k;
  ULONG16 * Pkey = ( ULONG16* )inkey;
  for (i= 0 ;i< 6; i+ + )
  {
    k = i < < 3;
    for(j= 0 ;j< 8 ; j+ + )//生成 8 组密钥
    {
      outkey[k+ j] = Pkey[j] ;
    }
    key_leftmove(inkey);//128 位密钥左环移 25 位
  }
  for( i= 0 ; i< 4; i+ + )
  {
    outkey[48+ i] = Pkey[i];
  }
```

```
    return SUCCESS;
}
```
实现循环左移的关键代码：
```
INT32 key_leftmove(ULONG32 * inkey)//密钥左环移 25 位
{
  ULONG32 itmpfirst = 0,itmp = 0 ;
  ULONG32 i;
  inkey[0] =  (inkey[0]< < 25) | (inkey[0]> > 7);
//取低 25 位,前面已经做了环移,原始的低 7 位已经移到高位,保存
  itmpfirst = inkey[0]&0x1ffffff;
inkey[0] &=  0xfe000000;//低 25 位清 0
  for ( i = 1 ; i < 4 ; i+ + )
  {
    inkey[i] =  (inkey[i]< < 25) | (inkey[i]> > 7);
    itmp = inkey[i] & 0x1ffffff;
    inkey[i- 1] |= itmp;
    inkey[i] &=  0xfe000000;//低 25 位清 0
  }
  inkey[i- 1] |= itmpfirst;//将最高 25 位移到最低 25 位
  return S  UCCESS;
}
```

(6)轮变换与输出变换。

将明文分组的 64bit 分为 4 个子块作为第一轮的输入,并将其与 6 个子密钥分别作模 2^{16} 的加法、模 $2^{16}+1$ 的乘法、异或操作,得到 4 个输出作为下一轮的输入。如此迭代 8 轮,最后用 4 个子密钥作输出变换。

①函数相关说明：

● INT32 idea_enc(ULONG16 * data,ULONG16 * outkey):实现加密操作,其中 data 为待加密的 64 位数据。

● INT32 handle_data(ULONG16 * data,ULONG16 * key):实现交换中间两个数,其中 data 为待加密的 64 位数据;key 为本轮使用的密钥。

②分组加密的关键代码：
```
INT32 idea_enc( ULONG16 * data,ULONG16 * outkey)//加密
{
  ULONG32 i ;
  ULONG16 tmp;
  if ( NULL = = data || NULL = = outkey)
```

```
    {
      return FAIL;
    }
    for ( i = 0 ; i < 48 ; i + = 6)/* 8 轮* /
    {
      handle_data ( data , &outkey[i]);//交换中间两个
      tmp = data[1];
      data[1] = data[2];
      data[2] = tmp;
    }
    tmp = data[1];//最后一轮不交换
    data[1] = data[2];
    data[2] = tmp;
    data[0] = MUL(data[0],outkey[48]);
    data[1] + = outkey[49];
    data[2] + = outkey[50];
    data[3] = MUL(data[3],outkey[51]);
    return SUCCESS;
}
INT32 handle_data ( ULONG16 * data, ULONG16 * key)//交换中间两个数
{
    ULONG16 * D1,* D2,* D3,* D4;
    ULONG16 D57;//提供给第 5,7 步用的暂存数据
    ULONG16 D68;//提供给第 6,8,9,10 步用的暂存数据
    D1 = &data[0];
    D2 = &data[1];
    D3 = &data[2];
    D4 = &data[3];
    /* start* /
    * D1 = MUL(* D1,key[0]);//第 1 步
    * D2 + = key[1];//第 2 步
    * D3 + = key[2];//第 3 步
    * D4 = MUL(* D4,key[3]);//第 4 步
    D57 = * D1 ^ * D3;//第 5 步
    D68 = * D2 ^ * D4;//第 6 步
    D57 = MUL(D57,key[4]);//第 7 步
    D68 + = D57;//第 8 步
```

```
D68 =  MUL(D68,key[5]);//第 9 步
* D1 ^=  D68;//第 11 步
* D3 ^=  D68;//第 12 步
D68 +=  D57;//第 10 步
* D2 ^=  D68;//第 13 步
* D4 ^=  D68;//第 14 步
return SUCCESS;
}
```

加密后的密文文件放在保险箱里。

11.3.5　解密模块的实现

1. 文件解密过程

解密时首先从数据块中读出文件头信息,根据头信息中的密钥索引取出加密密钥得到加密子密钥,再由加解密模块的对应关系,求得解密密钥,再分块解密密文,解密后的数据中包括原文件数据和填充到原文件尾部的随机数,根据文件头信息中保存的文件实际长度,恢复原文件明文。

2. 文件解密实现

1)对指定文件解密

函数 DecodeFileByEKey(CString FileName,CString DestPath) 用来实现对指定文件解密操作,下面对程序中的主要函数和关键程序代码说明如下:

```
DeleteFile(LPCTSTR(tmpFileName));  //删除可能存在的临时文件
DeleteFile(LPCTSTR(destFileName));  //删除可能存在的目标文件
mSourceFile.Open(FileName,CFile::modeRead);
FileLen = mSourceFile.GetLength();//获取并判断文件头信息
Decode(Buffer,BUFFER_SIZE,KeyValue);//解密缓冲区
CFile::Remove(FileName);//删除原文件
CFile::Rename(tmpFileName,destFileName);//将临时文件重命名为原文件
DeleteFile(LPCTSTR(tmpFileName));  //删除可能存在的临时文件
```

2)分组解密的实现

函数 INT32 Decode(unsigned char * buf,int len,unsigned char * key)用来实现对指定长度的数据进行解密。其关键代码如下:

```
INT32 Decode(unsigned char * buf,int len,unsigned char * key) //对指定
长度数据解密
{
int i;
ULONG8 * block;
```

```
ULONG16 outkey[52];
idea_makekey( (ULONG32* )key,outkey);
key_decryExp(outkey);
for(i= 0;i< len;i= i+ 8)
{
  block= buf+ i;
  idea_dec( (ULONG16* )block,outkey);
}
return SUCCESS;
}
```

分组解密实现过程包括解密密钥的获得;解密的轮变换与输出变换。

3)解密密钥的获取

根据解密时从数据块中读出的文件头信息中的密钥索引取出加密密钥。解密密钥可以通过查表法由加密密钥求逆运算获得,其中对实现速度影响最大的是求乘法逆元,利用辗转相除法来求得逆元,提高了整个算法的执行效率。

(1)函数相关说明。

①key_decryExp(ULONG16 * outkey):用查表法实现解密密钥的变逆处理。

②idea_MakeDecKey(ULONG16 * key, ULONG16 * outkey):生成解密密钥。

③INT32 mulInv(ULONG16 a):实现求乘法逆元。

(2)获取解密子密钥的关键代码。

```
INT32 idea_MakeDecKey(ULONG16 * key, ULONG16 * outkey)//生成解密密钥
{
  if ( NULL = = outkey || NULL = = key)
  {
    return FAIL;
  }
  idea_makekey( (ULONG32* )key , outkey);//生成子密钥
  key_decryExp(outkey); //用查表法实现解密密钥的变逆处理
  return SUCCESS;
}
```

查表法实现解密密钥的变逆关键代码为:

```
INT32 key_decryExp(ULONG16 * outkey)//用查表法实现解密密钥的变逆处理
{
  ULONG16 tmpkey[52] = { 0 };
```

```
    ULONG32 i;
    for ( i = 0 ; i < 52 ; i+ + )
    {
      tmpkey[i] = outkey[ wz_spkey[i] ] ;//换位
    }
    for ( i = 0 ; i < 52 ; i+ + )
    {
      outkey[i] = tmpkey[i];
    }
    for ( i = 0 ; i < 18 ; i+ + )
    {
      outkey[wz_spaddrever[i]] = 65536 - outkey[wz_spaddrever[i]] ;
//替换成加法逆
    }
    for ( i = 0, ; i < 18 ; i+ + )
    {
      outkey[wz_spmulrevr[i]] = mulInv(outkey[wz_spmulrevr[i]] );/* 替
换成乘法逆* /
    }
    return SUCCESS;
}
```

实现求乘法逆元的关键代码为：

```
INT32 mulInv( ULONG16 a)//求乘法逆元
{
  INT32 j= 1,i= 0,c= a,x,y;
  INT32 b= maxim;
  while ( c ! = 0 )
  {
    x = b / c;
    y = b - x* c;
    b = c;
    c = y;
    y = j;
    j = i - j* x;
    i = y;
  }
  if ( i < 0 )
```

```
        i= i+ maxim;
    return i;
}
```

4)解密轮变换与解密输出变换

（1）函数说明。

idea_dec(ULONG16 * data，ULONG16 * outkey)：实现数据块解密，其中 data 为待解密的 64 位数据，outkey 为解密密钥。

（2）数据块解密的关键代码。

```
INT32 idea_dec( ULONG16 * data, ULONG16 * outkey) //解密
{
    ULONG32 i ;
    ULONG16 tmp;
    if ( NULL = = data || NULL = = outkey)
    {
        return FAIL;
    }
    for ( i = 0 ; i < 48 ; i + = 6)//8轮
    {
    handle_data( data , &outkey[i]);// 交换中间 2 个
    tmp =  data[1];
    data[1] =  data[2];
    data[2] = tmp;
    }
    tmp =  data[1];//最后一轮不交换
    data[1] =  data[2];
    data[2] = tmp;
    data[0] = MUL(data[0],outkey[48]);
    data[1] + = outkey[49];
    data[2] + = outkey[50];
    data[3] = MUL(data[3],outkey[51]);
    return SUCCESS;
}
```

11. 3. 6 文件粉碎模块的实现

1. 文件粉碎原理

文件粉碎模块的功能是彻底删除内存中的文件，以加强文件的保密性。本

系统所提供的文件粉碎的功能,采取了特别谨慎、彻底的措施。系统通过调用函数 CrashFile(CString FileName)来实现该功能。先将缓冲区内的数据用 0 覆盖,然后再调用删除文件函数 Remove(filename)将覆盖后的数据彻底删除。

2. 实现的关键代码

实现文件粉碎的关键代码如下:

```cpp
BOOL CrashFile(CString FileName) //粉碎删除文件

{
  DWORD  FileAttr;
  CFile  mFile;
  BYTE  Buffer[1024]= {0};
  int    BufferSize,FileLen;
  BufferSize = sizeof(Buffer);
  try
  {
    FileAttr = GetFileAttributes(LPCTSTR(FileName));//判断文件是否存在
    if((FileAttr= = 0xFFFFFFFF)||(FileAttr = = FILE_ATTRIBUTE_DI-
RECTORY))
      return FALSE;
    SetFileAttributes(LPCTSTR(FileName),FILE_ATTRIBUTE_NORMAL);
    mFile.Open(FileName,CFile::modeWrite);
    FileLen = (int)mFile.GetLength();
    do
    {
      try
      {
        mFile.Write(Buffer,BufferSize);
      }
      catch(...)
      {
        mFile.Close();
        return FALSE;
      }
      FileLen = (int)(FileLen - BufferSize);
    }
    while((int)FileLen > 0);
    mFile.Close();
```

```
        CFile::Remove(FileName);
    }
    catch(...)
    {
        return FALSE;
    }
    return TRUE;
}
```

11.3.7　密钥管理策略的实现

系统采用安全性高的数码锁,用硬件方式来产生和存储密钥,极大提高了密钥管理的安全性。系统的密钥管理策略涉及密钥产生、密钥分发、密钥存储、密钥备份和密钥恢复。

1. 密钥的生成和存储

1)密钥的生成

数码锁在初始化时由随机函数随机生成 100 对密钥。CreateKeyIndexBy-Random()函数随机产生一个介于 0～99 之间的密钥序号。对于一个给定的索引值,通过索引表从数码锁中获取相应的密钥,存放于 Key 数组中返回,该功能由下面的函数来实现。

```
CreateKeyIndexByRandom()//随机产生一个密钥序号,介于 0～99 之间
{
    int mRand;
    srand( (unsigned)time(NULL));
     mRand =  rand()% 100;
    return mRand;
}
BOOL GetKeyByIndex(int mIndex,BYTE Key[],int n)
{ //给定一个索引值,从钥匙中获取相应的密钥,存放于 Key 数组中返回
    if (mIndex > = 0 && mIndex < = 99 && n > 0 && n < 100)
    {
        if (mIndex + n - 1 < = 99)
            memcpy(Key,gKeyInfor.KeyArray + mIndex,n);
        else
        {
        memcpy(Key,gKeyInfor.KeyArray + mIndex,99 - mIndex + 1);
        memcpy(Key + 99 - mIndex + 1,gKeyInfor.KeyArray,n - 99 + mIndex
```

```
- 1);
      }
    }
    else
      return FALSE;
    return TRUE;
}
```

解密时首先获取并判断文件的头信息,其关键语句为:

```
memset(&mHeaderInfor,0,sizeof(EncodeFileHeader));
mSourceFile.Read(&mHeaderInfor, sizeof(EncodeFileHeader));
if (IsRightEncodeFile(mHeaderInfor) = = FALSE)
{
  mSourceFile.Close();
  return FILE_NOT_CORRECT;
}
```

表 11.2 密钥索引表

密钥序号	密钥
0	KEY_0
1	KEY_1
2	KEY_2
...	...
99	KEY_{99}

2)密钥的存储

以硬件数码锁为载体,以文件为存储形式。把随机生成的 $0\sim99$ 作为密钥序号和随机生成的 100 个密钥对构成一个密钥索引表,密钥索引表如表 11.2 所列。

2. 密钥的分配

初始化数码锁时,由随机函数生成一个介于 $0\sim99$ 之间的随机数,以密钥、随机数(密钥序号)建立一个索引表,根据索引号确定用户对象,完成密钥的分发。系统在对文件加密时,先保存文件的头信息,头信息中就包括密钥的索引,再将头信息写入临时文件,以备解密时使用。解密时根据文件头信息中的密钥索引取出加密密钥,再进行后面的操作。

文件头信息的数据结构为:

```
struct EncodeFileHeader          //文件头信息
  {
  BYTE   KeyWord[8];             //保险箱文件标志,JDFILE
  int    FileLength;             //记载文件的原始长度
  char   FileName[_MAX_PATH];    //记载文件的原始名称
  int    KeyIndex;               //记载密钥索引
  int    KeyIDLength;            //记载 eKey 的 GUID 长度
  BYTE   KeyID[50];              //记载 eKey 的 GUID
```

```
BYTE  Reservse[50];                 //保留字,测试阶段用于保存密钥信息
};
```

3. 密钥的备份和恢复

当数码锁损坏或丢失后可以向 CA 中心申请,先撤销数字证书,然后利用 CA 中心备份的密钥和加密锁的原始信息,重新复制生成新的数码锁,解决了在意外情况下密钥的再次获得问题。

对于一个加密系统的安全,不但要从技术上加强对密钥的管理,同时还要考虑到密码算法和密钥管理以外的不安全因素。攻击者可以通过运用各种非技术的方法攻破一个加密系统。一个好的密钥管理方案必须注意到每一个细小的环节,否则就会带来严重后果。

11.4 系统性能测试与分析

系统的加解密速度和处理后文件所占的存储空间是衡量文件加密系统性能优劣及其实用性的重要指标,也是反映数码锁性能的重要参数。对数码锁进行数据处理速度和处理前后文件所占的存储空间的测试是综合测试的重要部分,也是整个项目鉴定的一项内容。

11.4.1 测试目的

(1)系统的功能测试。
(2)系统的稳定性测试。
(3)系统的性能测试。
(4)系统的效率测试。

11.4.2 测试环境和方法

1. 系统测试环境

Windows2000 操作系统;测试所用数码锁的 ID 如图 11.4 所示,内置的 COS 是面向智能卡应用的芯片操作系统 Smart COS-XC。

2. 测试方法

系统测试主要通过对文件加、解密时间进行测试。选择两组常用类型的文件,用 5 组大小不同的文件进行测试。分别测试同样大小的文件在经过压缩处理和未经压缩处理情况下,完成文件的加解密操作所用的平均时间和文件大小。

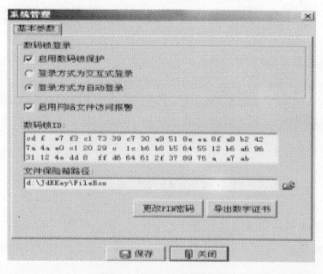

图 11.4　测试所用数码锁

　　为了能够准确地测试出加解密时间,精确地记录下完成一段操作所用的时间。在 VC++中,利用 GetTickCount()函数可得到系统运行时间,只需分别记录操作前后的时间值,时间差即为运行时间,可以精确到 ms。

　　利用系统的保险箱功能,测试将文件经过系统处理后放到保险箱中、将保险箱中文件经过系统处理后恢复为明文文件系统的平均速度和处理完文件的大小。主要通过记录系统运行的时间来测试。

11.4.3　测试结果及分析

　　测试选用了常用的两种类型的文件:Word 文件和位图文件。每一类文件选择 5 组不同大小的文件,在未经压缩和经压缩处理两种状态下,文件的加解密操作所需时间、处理后文件大小进行测试。

　　1. 计算压缩率

　　根据测试数据,计算出来系统在文件经过压缩处理两种情况下的压缩率如下:经计算 Word 文件的压缩率为 35.5%;位图文件的压缩率为 48.1%。

　　2. 测试数据分析

　　(1) 从测试数据的过程看,系统的各项功能都能实现。

　　(2) 从加解密所用时间的分布和处理完文件所占空间的大小来看,系统整体的稳定性比较好。

　　(3)根据表计算出来的两类文件的压缩率来看,不同类型文件的压缩比不同。

（4）从文件加解密前后的大小来看，经过压缩处理的文件所占空间要小得多，大大提高了系统中保险箱的利用率。

（5）根据表文件加解密处理前后的文件大小来看，文件在加解密过程大小基本未改变。可见加解密操作对文件的大小没有影响。

（6）从同样大小的不同类型文件（如测试中选取了 1.02M 的两类文件）的加解密所用时间来看，不同类型的文件加解密时间相同。可见加解密操作和文件的类型无关。

11.5 本 章 小 结

本系统将加密技术和文件压缩、文件粉碎、密钥管理等技术融合起来，完成了基于数码锁加密系统的设计方案，实现了系统各模块的功能，并将其应用到数码锁系统中。

目前已经与军用数码锁的其他子系统完成了联调测试。在试运行阶段，系统的各项功能已经实现，初步证明本系统较好地贯彻了"秘密在于密钥"的思想，具有较高的完全性和先进性。是一个符合标准、安全易用的加密系统。本系统能很好地完成加解密的功能，且系统工作稳定，安全性也达到了设计的要求，为进一步提高军事信息网的安全性提供了一种新的思路。

系统可对各种类型的文件加解密。目前实现它有两种途径：一种是先将文件全部解密完再与属性关联，另外一种是先与文件属性关联，然后边解密边显示。前者实现起来较容易，但效率不高，尤其对于较大的文件，会造成比较严重的时延现象；后者无论从效率的角度还是从产生的时延来说，都是一种很理想的方案，但是实现上很难。由于系统所涉及的内容十分广泛加之研究时间的限制，本系统没有采用第二种方案来实现文件的动态加解密，这个问题是我们下一步将考虑解决的问题。

第12章 基于数字证书的认证系统

本章以智能锁内置数字证书的远程身份认证机制为研究背景,利用VC++作为开发工具,应用 Microsoft 提供的 CryptoAPI(Cryptographic Application Programming Interface)软件开发包,对其进行二次开发,在 Windows 环境下开发基于数字证书的安全认证系统,实现数字证书的申请、生成、撤销、密钥对的生成与管理及利用数字证书进行安全身份认证等功能,并对设计实现的系统进行安全性和可靠性测试。

结合该项目构建基于数字证书的安全认证系统模型,搭建数字证书从申请、生成直到对数字证书进行验证的整个运行平台。提供一套与军用数码保护器结合,实现远程身份认证机制的软件包,为军事信息网的安全认证提供了一种新的解决方案。

12.1 认证系统概述

近年来流行的一种新的网络安全解决方案,即目前被各国广泛采用的 PKI(Public Key Infrastructure)体系结构。PKI 通过结合对称和非对称密码、数字签名、哈希函数、数字信封、DER 编码等技术建立起了严密的基于数字证书的安全认证体系,数字证书就如同生活中的身份证,可以证明一个用户的身份。它是一段包含用户身份信息(如名称、E-Mail、身份证号等)、用户公钥信息以及第三方权威机构 CA(Certificate Authority) 认证中心数字签名的数据。利用第三方权威机构的数字签名可以确保证书拥有者身份的真实性,用户的数字签名可以保证数字信息的不可否认性。由于它是一项与具体应用关系密切的、能够保证网络安全的实用技术,随着信息数字化和网络化的发展,建立在 PKI 体系上的基于数字证书的安全认证系统的研究对保障网络应用的安全性有着重要理论意义和实用价值。

数字证书是一段包含用户身份信息、用户公钥信息以及 CA(Certificate Authority) 认证中心数字签名的数据文件,用来标识网络应用中通信实体的身份。基于数字证书的认证为网络应用提供了一种安全有效的身份认证机制。

存储在军用数码保护器中的数字证书为远程身份认证提供了可靠保障,并且具有安全性高、使用方便、应用广泛等特点,便于在各种信息系统中应用和推广。

12.2　认证系统方案设计

12.2.1　系统设计目标

基于数字证书的安全认证系统将数字证书作为公钥的安全载体,以提高军事信息网的信息安全为目标,利用数字证书技术,实现了可靠、安全的身份认证机制,从而为公用军事信息网信息的安全提供了可靠的保障,其设计目标有以下几点:

(1)CA端主要实现数字证书及撤销列表生成、证书撤销、密钥管理等功能。

(2)应用服务器端主要实现验证证书的有效性功能。

(3)客户端实现密钥对生成、证书及证书撤销申请功能。

(4)提供客户端、应用服务器端获取证书及CRL的途径。

12.2.2　系统设计方案

1. 系统总体结构

图12.1描述了系统总体结构。

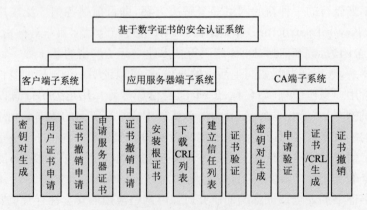

图12.1　基于数字证书的安全认证系统总体结构

系统组成有客户端子系统、应用服务器子系统和CA子系统。客户端子系统提供了数字证书的申请、获取、存储、撤销、向应用服务器的提交和密钥对的生成与管理等功能;应用服务器子系统除了包括客户端子系统的功能外,还提供了根证书的获取、证书撤销列表的获取、证书信任列表的建立和用户证书的验证功能;CA 子系统是整个系统的核心,负责根证书的生成、用户申请的处理、数字证书的生成与颁发、证书撤销列表的生成和证书库的建立与维护。

2. 系统功能

基于数字证书的安全认证系统利用数字证书来进行身份认证,保证通信双方安全可靠的信息交流。该系统主要有密钥对生成、证书申请、证书生成、证书撤销、证书验证等功能。

(1)密钥生成。在本系统中,由于密钥对应于数字签名,普通的用户证书和服务器证书,要求由申请者在本地自行生成密钥对,私钥仅仅只有用户本人知晓,也不必在网络上传递,用户只需保证公钥传送的安全性。所以本系统采用在客户端用 RSA 算法生成密钥对,结合项目要求,私钥最终将保存在军用数码保护器中,而公钥做为证书中的一项内容,随着证书申请信息一起提交给 CA。

(2)证书申请。用户向 CA 提出证书申请请求,通过客户端浏览器填写个人信息,然后与客户端生成的密钥对的公钥信息组合成证书申请表结构,并对申请信息形成摘要后用申请者私钥签名,之后将证书申请信息、申请者数字签名信息一并提交给 CA,并由 CA 对申请者所有信息进行真实性验证。证书申请信息必须真实有效。

(3)证书生成。将用户提交的申请信息经验证后,发放最终证书的过程。对用户提交的申请信息进行 DER 编码,之后用哈希算法形成摘要,最后用 CA 的私钥签名摘要形成发证机关签名,生成证书。

(4)证书撤销。在证书的有效期内,由于私钥丢失泄密等原因,必须废除证书。此时证书的持有者要提出证书撤销申请。CA 一但收到证书撤销请求,就可以立即执行证书撤销,并同时通知用户,使之知道特定证书已撤销。从安全角度来说,每次使用证书时,系统都要检查用户的证书是否已被撤销。

(5)证书验证。为了确保通信双方安全可靠的互访,互相提交其证书,证明其身份的过程。验证过程包括:验证发行者签名、验证证书链、验证序列号、验证有效期、CRL 查询、证书信任列表查询。

3. 系统流程

安全认证系统系统流程如图 12.2 所示。

用户申请并获取数字证书的过程为,客户端用户向 CA 发出证书请求,在本地生成密钥对,存储于指定的密钥容器中,之后导出公钥并将公钥随个人申请信息经编码、签名后一并提交给 CA,CA 对用户申请信息进行解码、签名验证、个人申请信息审核,如审核验证通过,CA 端服务器将颁发证书给用户。应用服务器申请和获取证书方式同用户端相同。

当用户访问应用服务器端系统资源或与应用服务器进行信息交互时,为了保证信息安全,首先提交自己的数字证书,以证实自己身份。应用服务器端对用户提交的数字证书进行证书链验证、有效期验证、撤销列表等多项验证,验证通过,方可进行资源访问或信息交互。

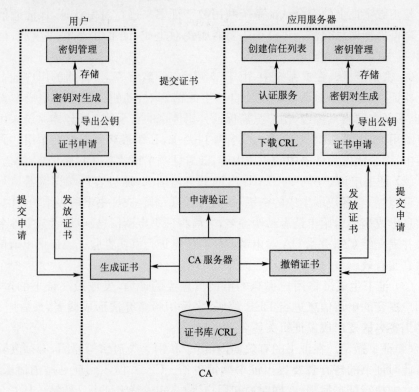

图 12.2　安全认证系统流图

12.3　认证系统的实现

本系统应用 Microsoft 提供的 CryptoAPI 软件开发包,在对其进行二次开发的基础上,以 DLL 的形式向用户提供了客户端、应用服务器端及 CA 端的最终产品。

12.3.1　CryptoAPI 简介

CryptoAPI 是 Microsoft 提供的一套集编码、解码、加密、解密、数字证书的处理等功能的 API。CryptoAPI 的目的就是为开发者提供在 Windows 环境下使用 PKI 的编程接口。开发者可以直接调用 CryptoAPI 中的函数而不用关心函数底层的执行,就像使用图形库函数而不用知道图形硬件的处理。

CryptoAPI 体系结构主要包括证书编码、解码函数；证书库函数；基本加密函数；低层信息函数（low－level message functions）和简单信息函数（simplified message functions）五个功能模块，如图 12.3 所示。

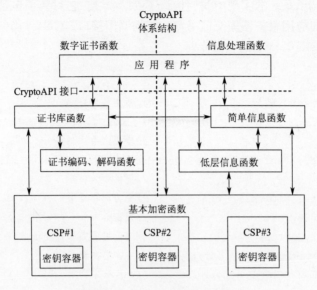

图 12.3　CryptoAPI 体系结构

证书编码、解码函数处理编码、解码数字证书和其他相关的在 OSI 网络中用到的数据。

证书库函数提供了数字证书的存储、导出等操作。一个站点在一定时期内也许会获取很多数字证书，有的是这个站点本身的，有的是这个站点希望访问的站点的。证书库函数提供了存储、导出、枚举、验证和利用数字证书中的信息的方法。

基本加密函数使在应用程序中应用密码学变得更容易。其依赖 CSP 提供相应的加密算法和保证密钥的安全存储。CSP 将在后面介绍。

低层信息函数提供了快速创建 PKCS＃7 信息、编码传输中的数据和解码接收到的数据的能力以及解密和验证接收到信息签名的能力。

简单信息函数把几个低层信息函数和数字证书函数封装成一个函数来执行一个指定的任务。这些函数减少了为完成一个任务需要调用的函数个数，因此能更迅速的应用 CryptAPI。

CSP（Cryptographic Service Providers）是一个独立的模块，CryptoAPI 是提供给应用程序的接口，而具体的加密算法和密钥的管理工作则是由 CSP 来完成，它执行真正的密码学操作。一个 CSP 最少包括一个 DLL 和一个签名文件，通过签名 CryptAPI 能识别 CSP 并保证它没有被篡改。

12.3.2 客户端子系统的实现

1. 客户端子系统软件架构

在客户端子系统的实现中我们构造了 CUser 类,它封装了包括数字证书的申请、撤销、向应用服务器提交证书等功能的调用接口。CUser 类的结构为:

```
class CUser : public CObject
{
public:
void RequestDigitalID();            //申请数字证书
BYTE* SignAndEncodeCertReq(DWORD * cbEncodedCertReqSize);
                                    //生成证书申请表
void SendSelfInfo(BYTE* pbSignedEncodedCertReq,DWORD size);
                                    //提供个人信息
bool InstallDID(char * buf);        //安装数字证书
void CertRevocation() ;             //撤销证书
void ApplyCert();                   //向应用服务器提交证书
  void DataRecv(char * buf);        //接收信息解析
  PCCERT_CONTEXT FindCert();        //查找数字证书
CUser();
  virtual ~ CUser();
private:
  Data datatransfer;                //通信中传输的信息
  CFindSelfCertDlg findcertdlg;     //查找证书对话框
  CUserInfoDlg certreqdlg;          //证书申请表对话框
};
```

2. 用户数字证书申请

用户想要获得数字证书,需要向权威证书颁发机构申请,在申请表中提供可信的个人或单位信息,并将申请者的公钥信息随申请表一并提交 CA,经 CA 审核确认后颁发证书。用户密钥对的生成存在客户端生成和在 CA 端生成两种方式,本系统我们选择在客户端生成,这样可以避免私钥在网络中传输所带来的安全隐患。数字证书申请的流程如图 12.4 所示。

1)填写申请表

证书申请的第一步是填写证书申请表,CryptoAPI 定义的证书申请的数据结构为:

```
typedef struct _CERT_REQUEST_INFO {
    DWORD           dwVersion;      //证书版本号
```

```
    CERT_NAME_BLOB      Subject;        //编码后的证书主体名
    CERT_PUBLIC_KEY_INFO SubjectPublicKeyInfo; //包含编码后的公钥
                         //和其相应算法的数据结构
    DWORD               cAttribute;  //数组 rgAttribute 的成员个数
    PCRYPT_ATTRIBUTE   rgAttribute; //一组 CRYPT_ATTRIBUTE 类型的
                         //数据结构,CRYPT_ATTRIBUTE 结构
                //描述了数字证书的附加属性信息
} CERT_REQUEST_INFO,   * PCERT_REQUEST_INFO;
```

数字证书申请的调用接口为 RequestDigitalID(),通过调用 RequestDigitalID()函数完成用户申请信息录入。用户填写的信息将构成 CERT _ REQUEST _ INFO 结构中的 Subject 项。

2)生成密钥对

本系统密钥对的生成调用了 CryptoAPI 中的 CryptAcquireContext（HCRYPTPROV * phProv, LPCTSTR pszContainer，LPCTSTR pszProvider，DWORD dwProvType，DWORD dwFlags）函数和 CryptGenKey（HCRYPTPROV hProv，ALG_ID Algid，DWORD dwFlags，HCRYPTKEY * phKey)函数。

CryptAcquireContext()函数用来在相应 CSP 中创建密钥容器,并返回密钥容器的句柄,该函数调用成功后,调用 CryptGenKey()函数在密钥容器中生成密钥对。CryptGenKey()函数为当前用户生成一对公、私钥,公钥作为数字证书的一部分与用户的个人信息绑定,私钥用来签名或加密信息(包括证书申请表的签名,通过验证该签名可确定申请表在网络中传输时是否正确传输或被篡改,还可以向 CA 表明用户拥有一对匹配的公、私钥对)。

生成密钥对的代码为:

```
{···········
//创建密钥容器,生成密钥对
if(! (CryptAcquireContext(&hCryptProv,"user",MS_ENHANCED_PROV,
PROV_RSA_FULL,CRYPT_NEWKEYSET)))
  {
  if(GetLastError()= = NTE_EXISTS)   //密钥容器已经创建
{
CryptAcquireContext(&hCryptProv,"user",MS_ENHANCED_PROV,
PROV_RSA_FULL,NULL);
  }
else
```

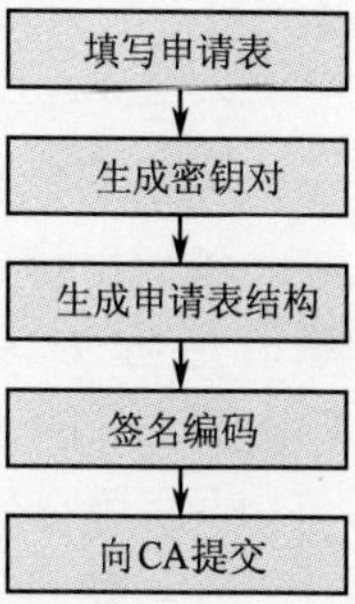

图 12.4 证书申请流程图

填写申请表
↓
生成密钥对
↓
生成申请表结构
↓
签名编码
↓
向CA提交

```
    {
    goto handle_error;
    }
    }
else              //密钥容器创建成功,生成密钥对
    {
    CryptGenKey(hCryptProv,AT_SIGNATURE,CRYPT_EXPORTABLE,NULL);
    }
···········}
```

3)生成申请表结构

生成申请表结构实际是给 CERT_REQUEST_INFO 结构赋值的过程,在赋值过程中涉及到导出公钥和编码等操作。CryptoAPI 中的编码函数 CryptEncodeObject()实现对 lpszStructType 类型的数据结构进行编码。

```
BOOL CryptEncodeObject(
    DWORD dwEncodingType,       //编码类型
    LPCSTR lpszStructType,      //被编码的数据结构类型
    const void * pvStructInfo,  //指向被编码数据的指针
    BYTE * pbEncoded,           //存放编码后的数据的缓冲区指针
    DWORD * pcbEncoded          //保存编码后的数据的大小);
```

其中 pcbEncoded 是 DWORD 类型指针,保存编码后的数据的大小,为了确定编码后的数据的大小,第一次调用该函数时将指针 pbEncoded 赋值为 NULL,函数返回后,根据 pcbEncoded 指向的值分配相应大小的一块内存,然后将内存地址赋给 pbEncoded,并再次调用该函数,得到编码后的数据。

在编码函数 CryptEncodeObject()中使用了一些基本的数据结构,这些数据结构的数据成员也是一个数据结构,在编码时要从最底层的数据结构开始向上层层编码,如图 12.5 所示。

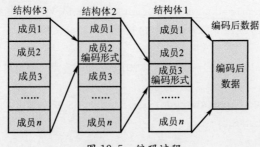

图 12.5　编码过程

在程序中还会用 CryptDecodeObject()解码,解码的过程刚好与编码相反,例如要得到图 12.5 中结构体 3 的成员,就要首先解码最终编码后的数据得到结构体 1,然后解码结构体 1 中的成员 3,得到结构体 2 后继续解码,最终得到结构体 1。

在生成证书申请表 CERT_REQUEST_INFO 结构时,需要为其提供申请者公钥信息 SubjectPublicKeyInfo,我们通过 CryptExportPublicKeyInfo()函数从用户指定的 CSP 密钥容器中导出公钥信息。函数原形为:

```
BOOL CryptExportPublicKeyInfo(
    HCRYPTPROV hCryptProv,          //调用 CryptAcquireContext()函
                                   //数得到的密钥容器句柄

    DWORD dwKeySpec,               //导出公钥标志,赋值 AT_SIGNATURE
    DWORD dwCertEncodingType,      //证书编码类型,目前定义的类型为
                                   //X.509_ASN_ENCODING
    PCERT_PUBLIC_KEY_INFO pInfo,   //存放导出公钥的地址
    DWORD * pcbInfo                // DWORD 类型指针,用于存放导出公钥的
                                   //地址大小);
```

相应代码描述为:
```
{………
                                    //导出公钥

if(! (CryptExportPublicKeyInfo(
            hCryptProv,
            AT_SIGNATURE,
            MY_ENCODING_TYPE,
            NULL,
            &cbPublicKeyInfo)))
    {
    free(pbNameEncoded);
    goto handle_error;
    }
if(! (pbPublicKeyInfo= (CERT_PUBLIC_KEY_INFO* )malloc(cbPublicKey-
Info)))
    {
    free(pbNameEncoded);
    goto handle_error;
    }
if(! (CryptExportPublicKeyInfo(
```

```
        hCryptProv,
        AT_SIGNATURE,
        MY_ENCODING_TYPE,
        pbPublicKeyInfo,
        &cbPublicKeyInfo)))
    {
    free(pbNameEncoded);
  free(pbPublicKeyInfo);
    goto handle_error;
    }
CertReqInfo.SubjectPublicKeyInfo = * pbPublicKeyInfo;
.........

}
```

证书申请表 CERT_REQUEST_INFO 结构中 dwVersion 赋值 CERT_V1，cAttribute 赋值 0，rgAttribute 赋值 NULL；

4）签名编码

证书申请表在提交给 CA 前要使用用户的私钥签名并再次编码，CA 服务器通过解码申请表得到用户的公钥，再使用该公钥验证申请表的签名。通过签名可保证申请表正确完整的传输到 CA，同时向 CA 表明用户拥有一对匹配的公、私密钥对。程序中通过调用 Crypt Sign And Encode Certificate 函数来签名并编码申请表，参数 hCryptProv 是用户密钥容器的句柄，SigAlg 是签名算法。

```
CryptSignAndEncodeCertificate(
        hCryptProv,
        AT_SIGNATURE,
        MY_ENCODING_TYPE,
        X509_CERT_REQUEST_TO_BE_SIGNED,
        &CertReqInfo,
        &SigAlg,
        NULL,
        pbSignedEncodedCertReq,
          cbEncodedCertReqSize)
```

5）向 CA 提交

对于客户端子系统、应用服务器端子系统和 CA 系统之间传输的数据我们有如下的宏定义和数据结构定义为：

```
# define DIDREQUEST          1      //证书申请
# define SENDSELFINFO        2      //申请者信息
```

```
# define NODID                    3         //没有提交证书
# define SERVICE                  4         //提供服务
# define RETURNDID                5         //返回证书
# define REQROOTDID               6         //下载根证书
# define REQCRL                   7         //下载 CRL 列表
# define RETURNROOTDID            8         //返回根证书
# define NOTGRANT                 9         //证书请求被拒绝
# define RETURNCRL                10        //返回 CRL typedef struct _ Data
{
char type;                                  //传输数据类型
   int size;                                //传输数据大小
   BYTE * data_part;                        //发送缓冲区指针
}Data;
```

系统间传输的数据封装成 Data 结构,通过判断 Data 结构中 type 的值可以确定接收到的数据的类型,然后进行相应处理。提供给用户的对接收到的数据进行分析并处理的接口为:DataRecv(char ∗ buf)函数,参数 buf 是接收缓冲区指针,DataRecv()函数通过 ∗ buf 的值判断接收信息的类型,并进行相应操作。

以用户向 CA 发送数字证书申请为例,提供给用户的接口为 SendSelfInfo(BYTE ∗ pbSignedEncodedCertReq,DWORD size),参数 pbSignedEncoded-CertReq 为签名并编码后的数据的指针,size 为数据的大小。具体描述如下:

```
//发送证书申请表
void CUser:: SendSelfInfo(BYTE*  pbSignedEncodedCertReq,DWORD size)
{
  Data data;
  data .type= SENDSELFINFO;
  data.size= size;
    data.data_part= malloc(size);
    if(data.data_part= = NULL)
        return;
  memcpy(data.data_part, pbSignedEncodedCertReq,size);
m_ClientSocket.Send(&data,sizeof(data));
free(data.data_part);
}
```

3. 数字证书的安装

当用户的数字证书申请经 CA 服务器审核批准后,CA 服务器将生成并颁发数字证书给用户,之后用户将证书安装在自己的系统中。提供给用户的接口是 InstallDID (char ＊ buf)，参数 buf 是指向签名并编码过的证书的指针。安装过程中将涉及两方面工作：将数字证书与用户的私钥绑定；将数字证书存储在系统中。

1)将数字证书与用户的私钥绑定

当用户接收到 CA 服务器颁发的数字证书后，需要将这个证书与用户在创建数字证书申请时生成的密钥对中的私钥绑定，也就是要将私钥信息添加到数字证书结构中，这样用户才真正拥有了一个属于自己的证书。其实现过程调用了函数 CertSetCertificateContextProperty（PCCERT＿CONTEXT pCertContext，DWORD dwPropId，DWORD dwFlags，void ＊ pvData）。

该函数用来设置数字证书的属性，这里我们使用它将数字证书与用户的私钥绑定。相应代码为：

```
bool CUser:: InstallDID(char * buf)


{
………
//将证书与它的私钥联系起来
PCCERT_CONTEXT pCertContext;
pCertContext= CertCreateCertificateContext(X509_ASN_ENCODING,(BYTE
* )buf,
m_nsize);
HCRYPTPROV hProv;
CryptAcquireContext(&hProv,"user",MS_ENHANCED_PROV,PROV_RSA_FULL,
NULL);
CRYPT_KEY_PROV_INFO keyinfo;
keyinfo.pwszContainerName= (LPWSTR )"user";
keyinfo.pwszProvName= (LPWSTR )MS_ENHANCED_PROV;
keyinfo.dwProvType= PROV_RSA_FULL;
keyinfo.dwKeySpec= AT_SIGNATURE;
keyinfo.dwFlags= CERT_SET_KEY_PROV_HANDLE_PROP_ID;
keyinfo.cProvParam= 0;
keyinfo.rgProvParam= NULL;
CertSetCertificateContextProperty(pCertContext,CERT_KEY_PROV_INFO_
PROP_ID,CERT_STORE_NO_CRYPT_RELEASE_FLAG,&keyinfo);
………
}
```

2)将数字证书存储在系统中

数字证书、证书撤销列表（CRL）和证书信任列表（CTL）都存储在证书库中,并且能够在需要时导出。证书库中的证书是以链表结构存储的,如图 12.6 所示。

　　每个证书库都有一个指向证书库中第一个证书项的指针,每个证书项包括一个指向证书数据的指针和指向证书库中下一个证书项的'next'指针,最后一个证书项的'next'指针为 NULL,证书数据包括了只读的证书内容和证书的一些扩展属性。

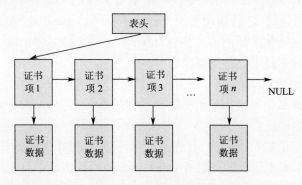

图 12.6　证书存储结构

　　证书库通常是以磁盘文件或系统注册表项的形式存在,同时也允许用户自己定义一些物理介质作为证书库,结合我们的项目是把数字证书存放在军用数码保护器中,应用时首先在军用数码保护器中开辟一块空间作为证书存储库,然后将地址作为参数赋给证书库函数,实现数字证书的入库、查找与导出等操作。下面以利用操作系统提供的证书库为例,介绍数字证书的存储。

　　Windows 操作系统自己维护了一个证书库,整个证书库分成了以下几个逻辑证书库:"MY"证书库存储拥有用户自己私钥的个人数字证书;"ROOT"证书库存储受信任的根证书颁发机构的数字证书;"CA"证书库存储一般 CA 机构的数字证书。以下是将数字证书加入证书库的描述,即:

```
bool CUser:: InstallDID(char * buf)
{
.........
HCERTSTORE      hStoreHandle;
// 打开系统证书库.
if(hStoreHandle = CertOpenSystemStore(0,"MY"))
   AfxMessageBox("打开了系统证书库.");
else
   {
   AfxMessageBox("系统证书库无法打开.");
```

```
    return false;
    }
CertAddCertificateContextToStore (hStoreHandle, pCertContext, CERT_
STORE_ADD_REPLACE_EXISTING,NULL);
    .........
    }
```

首先调用 CertOpenSystemStore()函数打开"MY"证书库,函数返回的是"MY"证书库的句柄,之后调用 CertAddCertificateContextToStore()函数将与用户私钥绑定过的数字证书加入"MY"证书库,参数 pCertContext 为用户证书,如果已经存在同名证书则替换掉原证书。

4. 数字证书的撤销

当用户发现私钥泄密或其他原因导致密钥不再安全时,需要向颁发数字证书的 CA 申请撤销证书,以免他人利用该数字证书冒充用户身份进行非法活动。本系统数字证书的撤销过程为:首先从证书库中查找用户的证书,之后发送给 CA 服务器,CA 服务器根据发送来信息的标志位判断出该信息是用户发来的证书撤销申请,之后读出证书序列号,将该证书放入证书撤销列表中。

1)查找数字证书

查找数字证书的过程为:首先打开证书库,然后根据用户提供的数字证书主体名在证书库中查找。提供给用户的接口为:FindCert()函数,函数没有参数,返回值为指向 PCCERT_CONTEXT 结构的指针。相应代码为:

```
PCCERT_CONTEXT CUser:: FindCert
{
.........
findcertdlg.DoModal();
m_Subject= findcertdlg.m_Subject;
/* 将 ANSI 类型字符串转化为 UNICODE 类型字符串* /
lpWideCharStr= (LPWSTR)malloc(2* m_Subject.GetLength());
MultiByteToWideChar(CP_THREAD_ACP,MB_COMPOSITE, (LPCTSTR)m_Subject,
- 1,lpWideCharStr,2* m_Subject.GetLength());
//打开系统证书库
if(hCertStore = CertOpenSystemStore(0,"MY"))
    AfxMessageBox("打开了系统证书库.");
else
    {
    AfxMessageBox("系统证书库无法打开.");
goto handle_error;
```

```
    }
//查找个人证书
if(DesiredCert= CertFindCertificateInStore(hCertStore,MY_ENCODING
_TYPE
,0,CERT_FIND_SUBJECT_STR,lpWideCharStr,DesiredCert))
{
AfxMessageBox("找到个人证书.");
return DesiredCert;
}
else
{
AfxMessageBox("无法找到您的证书.");
goto handle_error;
    }
………
}
```

CertFindCertificateInStore()函数用来查找数字证书,因为它需要的证书主体名是 UNICODE 类型,所以要调用 MultiByteToWideChar()函数将用户输入的 ANSI 类型字符串转化成 UNICODE 类型。

2)数字证书的发送

将数字证书向 CA 服务器或应用服务器发送的过程与申请数字证书时向 CA 服务器发送证书申请的过程类似,这里不再赘述。

5. 密钥的安全性

因为密钥的安全特别是私钥的安全是整个 PKI 体系的基础也是最重要的方面,所以有必要介绍一下本系统密钥安全性的保证。系统中数字证书的申请者要在本地生成一对密钥,公钥成为数字证书的一部分,私钥用来签名证书申请和在以后的安全通信中加密数据;CA 端也要生成一对密钥,公钥成为 CA 自颁发的根证书中的一部分,私钥用来为根证书和用户证书进行数字签名。身份验证时通过提取根证书中的公钥验证用户证书的数字签名来确定用户数字证书的真实性,从而验证用户的身份。密钥的安全性主要有两个方面:密钥存储和密钥访问。

1)密钥的存储

每个 CSP 都有一个密钥数据库,每个密钥数据库包括一个或多个密钥容器,密钥容器中存储了属于一个特定用户或 CryptoAPI 用户的密钥对。每个密钥容器都有一个唯一的名字,由应用程序在调用 CryptoAcquireContext( )创建密钥容器时提供。图 12.7 显示了密钥存储结构。

图 12.7　密钥存储结构

结合军用数码保护器项目,密钥对的产生和存储都在数码保护器中,数码保护器是以 U 盘的形式提供的,用户可以随身携带,所以密钥对的产生和存储都是安全的。

2)密钥的访问

应用程序对密钥容器和密钥对的访问都是通过句柄进行,程序中不会出现密钥数据,这样可以避免密钥不小心损坏或被他人破解。并且密钥容器只能由创建它的应用程序访问,这一点是由 CSP 维护的。

由此可见,本系统实现了密钥对对他人"不可见"和"不可访问"的特性,因此保证了密钥的安全。

12.3.3　应用服务器子系统的实现

1. 应用服务器子系统软件架构

在应用服务器子系统的实现中我们构造了 CServer 类,它封装了包括数字证书的申请、撤销等与客户端子系统相同的操作,还包括了下载证书撤销列表、创建证书信任列表以及对访问者提供的数字证书进行验证等功能的调用接口。CServer 类的原形如下:

```
class CServer : public CObject
{
public:
void RequestDigitalID();              //申请数字证书
bool InstallDID(char * buf);          //安装数字证书
void RequestCRL(void);                //申请下载 CRL
bool InstallCRL(HCERTSTORE hStoreHandle, char* buf);
                                      //安装 CRL
void ReqRootDID();                    //下载根证书
bool CreateCTL();                     //创建 CTL
void CertRevocation() ;               //撤销证书
void DataRecv(char * buf);            //接收信息解析
BYTE*  SignAndEncodeCertReq(DWORD * cbEncodedCertReqSize);
                                      //生成证书申请表
void SendSelfInfo(BYTE*  pbSignedEncodedCertReq,DWORD size);
```

```
                                          //提供个人信息
   PCCERT_CONTEXT FindCert();              //查找数字证书
DWORD VerifyUserCert (PCCERT_CONTEXT pSubjectContext);
                                          //验证用户数字证书
CServer();
virtual ~ CServer();
private:
   Data datatransfer;                     //通信中传输的信息
CFindSelfCertDlg findcertdlg;            //查找证书对话框
CUserInfoDlg certreqdlg;                 //证书申请表对话框
};
```

对与客户端相同的数字证书的申请、撤销等功能这里不再介绍，主要介绍与数字证书的验证有关的功能。

2. 数字证书的验证

数字证书的验证调用了 CryptoAPI 的 CertGetIssuerCertificateFromStore ()函数，该函数能够从证书库中找到待验证证书的证书链，通过证书链追溯到可信赖的根 CA，并同时对证书链中的每一级证书进行签名验证、撤销验证以及有效期验证等。该函数为：

```
PCCERT_CONTEXT CertGetIssuerCertificateFromStore(
HCERTSTORE hCertStore,              //证书库句柄
PCCERT_CONTEXT pSubjectContext,     //待验证证书 PCCERT_CONTEXT
pPrevIssuerContext,                 //颁发者证书
DWORD * pdwFlags                    //验证属性标志
);
```

其中 pPrevIssuerContext 为颁发者证书，第一次调用时赋值 NULL，为了得到下一个颁发者，再次调用时赋值为函数上一次返回的颁发者证书，以此类推，直到函数的返回值为 NULL，说明再没有其他颁发者。要注意的是再次调用该函数后，非空的 pPrevIssuerContext 指针会被函数自动释放。

pdwFlags 为验证属性标志，可以设置该属性在查找证书颁发者的同时用得到的颁发者证书验证用户证书的签名、有效期等。应用时使用验证标志宏定义设置 pdwFlags 的值，如设置为 CERT_STORE_SIGNATURE_FLAG 代表需要验证签名，可以同时验证多个属性，验证标志间用或运算符"|"连接。如果某项验证通过，相应的验证标志会被置为 0，否则会保持不变。

出于安全性考虑，根证书颁发机构和中级证书颁发机构会自颁发和申请多个证书，每个证书对应不同的密钥对，那么最终用户证书是由证书颁发机构中的

哪个证书签名颁发的,在验证的过程中就需要进行判断。用户证书中有一项属性记录了颁发者证书的序列号,在验证过程中,我们就通过这个序列号与颁发者证书的序列号比较来确定用户证书的真正颁发者,从而确定被验证证书的证书链。证书链构造过程如图 12.8 所示。

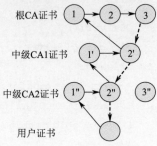

图 12.8　构造证书链

用户证书由中级证书颁发机构 CA2 所颁发,CA2 本身拥有 3 个证书,用户证书是用 $2''$ 证书所对应的私钥签名的;CA2 的 $2''$ 证书则是由中级证书颁发机构 CA1 的 $2'$ 所颁发,CA1 的 $2'$ 证书由根证书颁发机构 3 证书所颁发。在构造这个证书链时,用户证书利用证书中颁发者证书序列号这一属性查找到该证书的唯一颁发者,依次类推,一直追溯到根 CA。图中实线箭头代表查找真正颁发者证书的过程,虚线箭头代表用真正颁发者的证书进行相应验证的过程。

我们提供给用户验证的数字证书接口为:

```
DWORD VerifyUserCert(
HCERTSTORE hUserStore,                     //用户提供的证书库句柄
CTL_USAGE SubjectUsage,                    //受信任证书的用途
PCCERT_CONTEXT pSignCTLCertContext,        //用户用来签名 CTL 的证书
PCCERT_CONTEXT pSubjectContext             //待验证的证书)
```

函数的返回值为 DWORD 类型,对于返回值我们有如下宏定义:

```
//证书真实
# define CERT_VERIFY_SUCCESS          0
//在由用户证书到根证书的证书链的验证过程中某一个证书验证不通过
# define CERTCHAIN_VERIFY_FAIL        1
//证书链中某一个证书已被撤销
# define CRL_VERIFY_FAIL              2
//证书链中某一个证书的签名不真实
# define SIGNATURE_VERIFY_FAIL        3
//证书链中某一个证书不在有效期内
# define TIME_VERITFY_FAIL           4
```

//应用服务器没有某个 CA 的 CRL,在某些条件下应用服务器可以不把这个错误看作证书验证失败,这由应用服务器自己决定

```
# define NO_MATCH_CRL                5
```

//打不开应用服务器提供的证书库,在某些条件下应用服务器可以不把这个错误看作证书验证失败,这由应用服务器自己决定

```
# define CANT_OPEN_CERT_STORE        6
```

//根证书不受信任

\# define ROOT_CERT_NOT_TRUST   7

//根证书已撤销

\# define HAVE_BEEN_REVOKED   8

//表示证书链中某一个证书不在颁发者的有效期之内

\# define NOTWITHIN_ISSUERS_TIME_VALIDITY 9

1)验证证书真正颁发者模块

在一个证书颁发机构存在多个证书的情况下,需要调用该模块确定真正的颁发者。

设计思路:验证 pIssuerContext 是否是 pSubjectContext 的真正颁发者,就是要查看子证书 pSubjectContext 的颁发者密钥标识符扩展属性,该扩展属性记录了颁发者证书的序列号、主体名等属性,因为每个证书的序列号都是唯一的,所以通过比较序列号就可以进行确定。验证流程如图 12.9 所示。

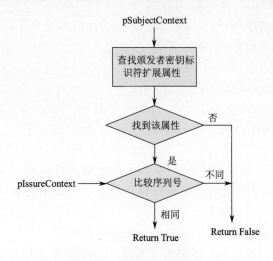

图 12.9　验证证书颁发者

调用接口为:

```
bool IsRealIssuerCert(
PCCERT_CONTEXT pSubjectContext, //子证书
PCCERT_CONTEXT pIssuerContext   //颁发机构的证书
);
```

其功能为验证 pIssuerContext 是否是 pSubjectContext 的真正颁发者。返回值包括 True(是真正颁发者)和 False(不是或没有找到颁发者密钥标识符扩展属性)。

2)验证根证书是否被撤销模块

根证书的验证要独立出来,因为根证书是自颁发的,所以在循环验证的最后,当 pSubjectContext 指向的是根证书时, CertGetIssuerCertificateFromStore 的调用会失败,这时候首先检查失败原因,是没有找到颁发者还是验证的是根证书,当是第二种情况时就对根证书进行验证。

由于根证书只能由根证书颁发机构自己撤销,所以首先在证书库中查找 pRootCertContext 所对应的根证书颁发机构的证书撤销列表,证书撤销列表列

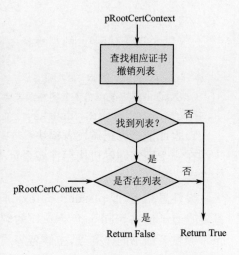

图 12.10 验证根证书是否被撤销

出了被撤销证书的序列号,只要检查一下待验证的根证书序列号是否在撤销列表中即可。验证流程如图 12.10 所示。

调用接口为:

```
bool IsNotRevoked(
HCERTSTORE hCertStore,            //证书库句柄
PCCERT_CONTEXT pRootCertContext   //待验证的根证书
);
```

其功能为验证根证书 pRootCertContext 是否被撤销。返回值包括 True (根证书 pRootCertContext 没有被撤销或没有证书撤销列表)和 False(根证书 pRootCertContext 已经被撤销)。

3)用于验证根证书是否在证书信任列表中的模块

应用服务器创建了一个证书信任列表,其中列出了受信任证书的主体名,我们的规则是只要根证书颁发机构受信任,它的下级颁发机构和最终的用户就都受信任,所以只将根证书颁发机构的证书放入证书信任列表中。

由于证书信任列表是由应用服务器自己签名生成的,它列出了受信任证书的主体名,首先根据 SubjectUsage 和 pSignCTLCertContext 找到相应证书信任列表,之后在列表中查看是否有根证书 pRootCertContext 的主体名。验证流程如图 12.11 所示。

调用接口为:

```
bool IsTrustedRootCert(
HCERTSTORE hCertStore,            //证书库句柄
```

```
    CTL _ USAGE SubjectUsage,
  //信任根证书的哪方面用途
    PCCERT _ CONTEXT pSignCTLCertCon-
text, //应用服务器用来签名证书信
                          //任
列表的证书
    PCCERT_CONTEXT pRootCertContext
  //待验证的根证书);
```

其功能为验证 pRootCertContext 是否是受信任的根证书。

返回值包括 True（受信任）和 False（不受信任或没有证书信任列表）。

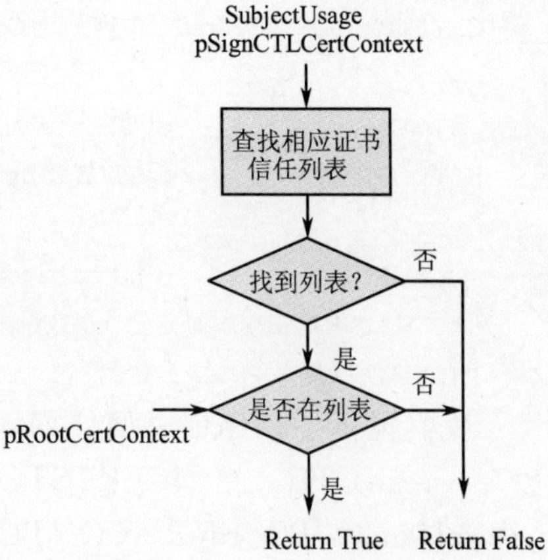

图 12.11　验证根证书是否是受信任证书

3. 获取证书撤销列表

CA 端服务器会定期更新证书撤销列表,同样应用服务器也应该定期下载证书撤销列表,以免他人利用被撤销的证书冒名顶替证书持有者的身份或使用不安全的密钥通信,例如用户发现密钥泄漏已经将证书撤销,而应用服务器没有及时下载证书撤销列表,那它在给用户发送机密信息时还会使用被撤销的证书中的公钥加密数据,这样机密信息就会被得到私钥的人破译。

CA 服务器的证书中给出了证书撤销列表的下载地址,应用服务器下载证书撤销列表后可以根据证书撤销列表中的 NextUpdate 项,即下次更新时间决定自动下载的时间,我们提供的是将证书撤销列表加入证书库的接口:bool InstallCRL(HCERTSTORE hStoreHandle , char ＊ buf),函数根据用户提供的证书库句柄 hStoreHandle 打开证书库,然后将下载的证书撤销列表 buf 加入证书库。

4. 生成证书信任列表

证书信任列表中记录了受信任证书的主体名,并用应用服务器的私钥签名,以防止信任列表被他人伪造。证书信任列表的结构为:

```
typedef struct _CTL_INFO {
    DWORD             dwVersion;            //版本
    CTL_USAGE          SubjectUsage;        //证书用途
    CRYPT_DATA_BLOB     ListIdentifier;    //标识,可选
    CRYPT_INTEGER_BLOB  SequenceNumber;    //序列号,可选
    FILETIME           ThisUpdate;          //生成时间
    FILETIME           NextUpdate;          //下次生成时间,可选
```

```
CRYPT_ALGORITHM_IDENTIFIER SubjectAlgorithm; // rgCTLEntry 数组中
                                              //CTL_ENTRY 结构纪录证书标识的算法
    DWORD              cCTLEntry;             // rgCTLEntry 数组个数
PCTL_ENTRY            rgCTLEntry;             //一组 CTL_ENTRY 结构,每
                                              //个结构记录了一个受信任证书的标识
    DWORD              cExtension;            // rgExtension 数组个数
    PCERT_EXTENSION    rgExtension;           // 扩展,可选
} CTL_INFO, * PCTL_INFO;
```

我们提供了创建证书信任列表函数 CreateCTL (HCERTSTORE hStoreHandle, PCCERT _ CONTEXT SelfCert, CTL_ USAGE ctlusage),该函数首先打开证书库,在其中查找要把它添加到信任列表中的根证书,得到根证书的主体名,生成证书信任列表的数据结构,再用应用服务器的私钥签名,最后将证书信任列表加入证书库。创建证书信任列表的流程如图 12.12 所示。

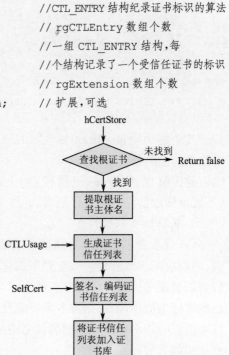

图 12.12　创建证书信任列表

12.3.4　CA 系统的实现

CA 是一个具有权威性、可信赖性和公证性的第三方机构,它为用户的公开密钥签发公钥证书、发放证书和管理证书,并提供一系列密钥生命周期内的管理服务。CA 的系统目标为信息安全提供有效的、可靠的保护机制,提供网上身份认证服务,提供信息保密性、数据完整性以及通信双方的不可否认性服务。

我们设计的 CA 系统的体系结构如图 12.13 所示。

CA 服务器负责验证证书申请、处理用户撤销证书事件、生成数字证书和提供证书撤销列表;管理、维护部分目前只包括撤销已颁发的证书的功能;证书库中存储了颁发过的证书(包括 CA 服务器自己的根证书)。

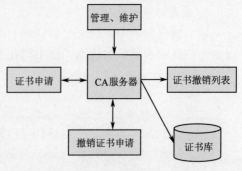

图 12.13　CA 系统体系结构

1. CA 系统的软件架构

在 CA 系统的实现中我们构造了 CCA 类,它封装了包括数字证书申请的验证、生成证书撤销列表,生成用户证书等操作。CCA 类的原形为:

```
class CCA : public CObject
{
public:
bool GenerateRootDID();                  //生成根证书
void CheckDIDRequest();                  //核实证书申请
void GenerateDID();                      //生成用户数字证书
void GrantDID(BYTE* pbSignedEncodedCert,DWORD size); //发放证书
void RegistIntheLib(BYTE* pbSignedEncodedCert,DWORDcbEncodedCert-
Size);
                                         //添加到证书库
void NotGrant();                         //不予颁发证书
void SendRootDID();                      //发放根证书
void GrantCRL(void);                     //提供 CRL
void DataRecv(char * buf);               //接收信息解析
CCA();
virtual ~ CCA();
private:
  Data datatransfer;                     //通信中传输的信息
  CFindSelfCertDlg findcertdlg;          //查找证书对话框
};
```

2. 数字证书申请的验证

对用户的数字证书申请,首先要验证证书申请表的签名,验证通过后再核实用户提供的个人或单位信息是否真实,也可以选择不核实信息,直接颁发证书,这取决于 CA 服务器颁发证书的策略。

证书申请表是由用户自己的私钥签名的,要验证它的签名必须使用用户的公钥,而用户的公钥可以从证书申请表中得到。得到公钥后调用 CryptoAPI 提供的 CryptVerifyCertificateSignature() 函数验证签名。该函数结构为:

```
BOOL CryptVerifyCertificateSignature(
HCRYPTPROV hCryptProv,                   //CSP 句柄
DWORD dwCertEncodingType,                // 证书编码类型
BYTE * pbEncoded,                        // 证书
DWORD cbEncoded,                         // 大小
```

```
    PCERT_PUBLIC_KEY_INFO pPublicKey    // 公钥
);
```

验证用户证书申请流程如图 12.14 所示。

3. 生成数字证书

数字证书是一段包含用户身份信息、用户公钥信息以及证书颁发机构数字签名的数据，他人难以伪造，它是公钥体制密钥管理的媒介，即在公钥体制中，公钥的分发、传送是靠数字证书机制来实现的。网上通信的双方通过验证对方数字证书的有效性，解决相互间的信任问题，从而实现身份的鉴别与认证、完整性、保密性及不可否认性的安全服务。我们生成的数字证书的结构为：

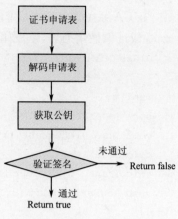

图 12.14　验证用户证书申请

```
typedef struct _CERT_INFO {
    DWORD                    dwVersion;                  //版本
    CRYPT_INTEGER_BLOB       SerialNumber;               //序列号
    CRYPT_ALGORITHM_IDENTIFIER SignatureAlgorithm; //签名算法
    CERT_NAME_BLOB           Issuer;                     //颁发者
    FILETIME                 NotBefore;                  //有效期(最早)
    FILETIME                 NotAfter;                   //有效期(最迟)
    CERT_NAME_BLOB           Subject;                    //主体名
    CERT_PUBLIC_KEY_INFO     SubjectPublicKeyInfo; //公钥
    CRYPT_BIT_BLOB           IssuerUniqueId;             //颁发者唯一标识
    CRYPT_BIT_BLOB           SubjectUniqueId;            //主体唯一标识
    DWORD                    cExtension;                 //扩展个数
    PCERT_EXTENSION          rgExtension;                //扩展
} CERT_INFO, * PCERT_INFO;
```

（1）函数 DwVersion（版本）：目前定义的数字证书有 1、2、3 三个版本，我们生成的是版本 3 的证书，DwVersion 赋值 CERT_V3。

（2）函数 SerialNumber（序列号）：每个证书的序列号一定要保证唯一，程序中定义了一个静态变量作为证书的序列号，每颁发一个证书变量的值加 1。

（3）函数 SignatureAlgorithm（签名算法）：具体签名调用的是 CryptoAPI 提供的函数，这里赋值宏定义 szOID_OIWSEC_sha1RSASign。

（4）函数 Issuer（颁发者）：证书颁发机构的名字，我们取名 kgdyCA，编码后赋给 Issuer。

(5)函数 NotBefore 和 NotAfter(有效期)：如果设定证书的有效期为 1 年，起始时间(NotBefore)为证书生成时间，终止时间(NotAfter)相应加 1 年。

(6)主体名 Subject 和函数 SubjectPublicKeyInfo(公钥)可以由证书申请表中得到。

(7)函数 IssuerUniqueId(颁发者唯一标识)和函数 SubjectUniqueId(主体唯一标识)一般不使用，我们这里也没有定义。

(8)函数 RgExtension(扩展)：目前生成的证书没有扩展属性，所以 RgExtension 赋值 NULL，CExtension 赋值 0。

构造完数字证书的结构后，使用颁发者的私钥签名数字证书，即完成了用户证书的生成。生成数字证书的流程如图 12.15所示。

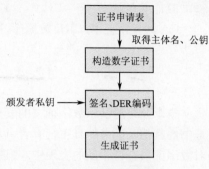

图 12.15　生成数字证书

4. 其他功能

CA 系统还包括了撤销数字证书、提供证书撤销列表、证书存储等功能，因为这些功能的实现过程与前面介绍的一些过程基本相似，所以简要介绍。

1)撤销数字证书

数字证书的撤销可以由用户发起，也可以由 CA 服务器主动进行。CA 服务器根据用户提出的证书撤销请求及相应证书序列号，将申请撤销的证书放入证书撤销列表中。因为证书撤销列表的生成过程与数字证书和证书信任列表的生成过程大体相似，所以这里只给出定义的证书撤销列表的结构。

```
typedef struct _CRL_INFO {
    DWORD                    dwVersion;          //版本
    CRYPT_ALGORITHM_IDENTIFIER  SignatureAlgorithm;  //签名算法
    CERT_NAME_BLOB           Issuer;             //颁发者
    FILETIME                 ThisUpdate;         //提供时间
    FILETIME                 NextUpdate;         //下次更新时间
DWORD                    cCRLEntry;              // rgCRLEntry
                                                 //数组元素个数，即被撤销证书个数
    PCRL_ENTRY               rgCRLEntry;         //被撤销证书
    DWORD                    cExtension;         //扩展个数
    PCERT_EXTENSION          rgExtension;        //扩展
} CRL_INFO,               * PCRL_INFO;
```

rgCRLEntry 指向了一组 CRL_ENTRY 结构,每个 CRL_ENTRY 结构记录了一个被撤销证书的序列号。

2)提供证书撤销列表

证书撤销列表生成后存放在指定位置,供用户下载,存放位置在颁发机构的证书中提供。

3)证书存储

CA 端提供证书/CRL 数据库,以供用户下载。

12.4　本章小结

本章介绍的基于数字证书的安全认证系统,为用户提供一套可以鉴别数字证书的真伪及证书的真正拥有者,以达到安全身份认证为目的的实用软件。在对数字证书进行验证的实现中,改进了传统的一个发证机关只有一个签名证书时证书链构造方案,考虑到发证机构存在多个证书的情况,实现了构造验证证书链的新方案。

在模拟环境中测试运行,CA 子系统能及时响应客户端请求,生成符合 X.509 标准的数字证书,应用服务器端子系统对客户端提交的数字证书能够进行安全认证,且验证的响应时间短,运行速度快。经过测试运行,本系统基本能够完成预定的要求和功能,是一个符合标准、安全易用的网络安全身份认证系统。

本系统的实现重心在对证书的认证上,因此对 CA 端所做的工作只实现了证书申请验证、撤销申请验证及证书生成等功能,在证书的具体管理上比较欠缺;对证书的认证上只实现了单一信任域的认证,多信任域证书交叉认证的问题是下一步将考虑解决的问题。

第 13 章　基于 RBAC 的 GIS 系统

在大型系统中,安全管理一直是设计的核心部分,因为各子系统不可能对所有的用户开放,这样做既不利于数据保密,又会对系统安全运行造成威胁。访问控制正是实现既定安全策略的系统安全技术,它管理所有资源访问请求,即根据安全策略的要求,对每个资源访问请求做出是否许可的判断,能有效地防止非法用户访问系统资源和合法用户非法使用资源。

13.1　地理信息系统(GIS)的系统简介

本章针对一个地理信息系统(GIS)的系统安全模块设计,提出了一种新型的系统安全设计方案。由于 GIS 系统庞大,而且正在不断发展,所以对安全管理模块的易维护和易扩展性提出了很高的要求。在传统安全管理模块设计中,按已有功能直接对用户进行权限分配,虽然系统设计简单,但不利于系统管理和扩展。该系统采用 RBAC 访问控制技术,引入角色的概念,使得用户、权限管理条理化,减少授权管理的复杂性,支持用户数量和子系统数量、功能的无限增加,满足系统扩展性要求,更重要的是将角色在所有子系统中的权限集成到一个数据库表中,避免了各子系统分别管理用户和权限所带来的安全隐患。在实践中证明本方案功能强大,可为同类系统提供参考。

目前大型系统应用于社会的方方面面,寻找一种适合大型可扩展系统的安全管理方案就显得极为重要。而 RBAC 技术由于其对角色和层次化管理的引进,特别适用于用户数量庞大,系统功能不断扩展的大型系统。所以我们选择了基于 RBAC 的系统安全设计方案。

本示例是一个庞大的地理信息系统——VTD2000(如图 13.1 所示)的安全管理设置软件——HITEGIS。

随着 VTD2000 功能的完善,越来越多的子系统被包括其中,同时新的用户、使用本产品的部门也日渐增多,系统的安全管理工作日趋复杂,同一个用户可能在一个子系统中具有一定的权限,同时在另一个子系统中具有另外的权限。为了避免各子系统分别管理用户和权限所带来的安全隐患,本系统基于 RBAC

设计了系统的安全方案,开发了系统安全管理设置软件 HITEGIS,使得用户、角色、和权限的管理集中在一个软件中,当 VTD2000 系统功能扩展时,就不需要重新设计系统的安全模块了。

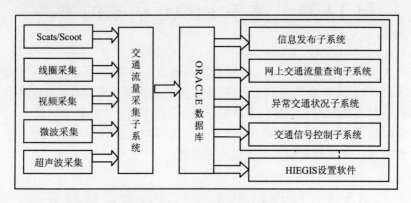

图 13.1   VTD2000 系统结构图

13.2   基于 RBAC 的系统安全管理方案

13.2.1   建立角色功能并分配权限和用户

(1)在 VTD2000 系统的各个子系统中创建权限,如在网上交通流量查询子系统中创建了电子地图操作、当前交通流量查询、历史交通流量查询、视频点播、发布信息、接受信息等权限。

(2)创建角色,根据 RBAC 模型的职责分离和角色继承原则,借鉴 RBAC97模型中的规则模型和管理模型,将系统的管理角色和规则角色分开,管理角色有权访问权限,但无权访问资源;规则角色有权访问资源,但无权访问权限。基于此原则,设计系统的角色如图 13.2 所示。

这里角色的设定是基于系统安全考虑的,如一般用户只有查看电子地图的权限,而内部人员有观看视频录像的权限,交通流量管理者有查询历史数据的权限。

(3)为角色赋予权限。根据 RBAC 安全规则中的最少权限规则,角色只被授予他的成员执行任务所必需的权限。

(4)建立用户账号,并把角色赋给这些用户。例如交通信号控制人员和指挥中心人员能使用交通信号控制系统,属于信号控制系统使用人员角色,这样他登录到系统中将只能使用他拥有权限的那些模块。

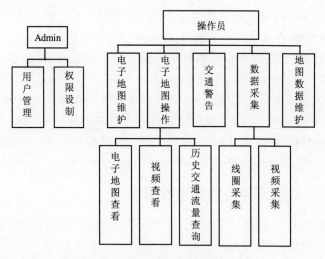

图 13.2　VTD2000 系统中部分角色

有的系统设计成一个用户可以拥有多种角色,但在一个会话中活跃角色集(ARS)只能是一个角色。这种系统中用户登录时是以用户和角色两种属性进行登录的,根据角色得到用户的权限,登录后进行初始化。这其中的技巧是同一时刻某一用户只能用一种角色进行登录。但在大部分系统中,这样的安全考虑是不必要的,这样的设计只会增加系统设计和操作的复杂性。为了克服这种缺点,满足大部分系统的需要,我们的方案采取了另一种方法,并在实际中证明有较大的灵活性:即一个用户只对应一种角色,登录时,程序从用户表 user_role 中取得该用户的 Role_id,再通过角色表得到 role_right 值,最后逐个与功能标识做按位与运算,得到该用户的所有权限。

13.2.2　该方案对数据库的设计

用 powerdesigner 为系统中的表和表间关系建模功能组表的部分权限数据如表 13.1 所列,这里之所以引入 user_role 表是为了便于将来系统的扩展。

表 13.1　功能组表的部分数据

Func_id	Func_name	Description
1	Func_map	电子地图浏览功能组
2	Func_flow	交通流量查询功能组
4	Func_video	监控视频点播功能组
8	Func_sendcomm	发送信息功能组
16	Func_recvcomm	接收信息功能组

(1)表 13.1 中的功能组可能位于不同的子系统中。

(2)在建立角色过程中,角色权限(role_right)可通过表 13.1 的若干个 func_id累加而成;在程序运行中解析角色权限是个相反的过程,要将 role_right 与 func_id 按位运行与运算,来将 role_right 分解为权限),比如:角色权限为 3 表示角色具有地图浏览功能组(func_map)、交通流量查询功能组(func_flow)两种权限,而角色权限为 31 表示角色同时具有电子地图操作功能组(func_map)、交通流量查询功能组(func_flow)、监视视频点播功能组(func_video)、发送信息功能组(func_sendcomm)、接收信息功能组(func_recvcomm)五种权限。

13.2.3　安全管理方案中界面设计部分

用 PowerBuilder8.0 开发 HITEGIS 安全管理设置软件,开发流程如图 13.3 所示。

(1)login 模块:此模块的作用是与数据库建立连接,验证登录的用户是否为合法用户,再进一步验证登录的用户是否具有管理员权限。

(2)功能组管理模块:该模块分为增加功能组、更改功能组、删除功能组三部分。

(3)部门管理模块:该模块分为增加部门、更改部门、删除部门三部分。

(4)用户基本资料管理模块:该模块分为增加用户、更改用户、删除用户三部分。

(5)用户角色管理模块:该模块包括更改用户角色。

(6)角色权限管理模块:该模块包括新建、删除、更改角色权限三部分。

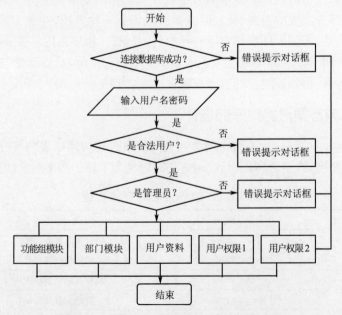

图 13.3　HITEGIS 安全管理设置软件流程图

部分软件界面如图 13.4 所示。

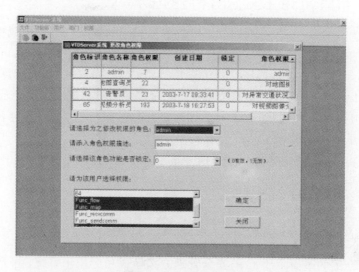

图 13.4   HITEGIS 安全管理设置软件界面示例

13.3   安全管理方案在系统中的引用

下面以网上交通流量查询子系统为例,说明基于安全管理方案设计的 HITEGIS 系统安全管理设置软件在系统中的调用方法。

13.3.1   将登录信息添加到 Session 变量中

登录网上流量查询子系统时,先到数据库的用户表中查找是否存在这个用户,如果存在,根据用户的 User_ID 查找该用户对应角色的权限,并把用户权限信息放到 Session 中。这样在整个程序的运行过程中,系统随时都可以取得这个用户的权限信息。

权限验证函数为 Function Login(username as string, pwd as string,rightid as integer) as integer。

其中:输入参数为 username(用户名);输入参数为 pwd(用户密码);输出参数为 rightid(用户权限标识码)。

函数返回值为 $-2\sim1$。其中:-2 表示用户登录失败(系统原因、登录超时等);-1 表示用户名、密码有误;0 表示用户帐号被锁定;1 表示用户登录成功。

用户登录成功后,将其返回的用户权限标识码保存到 session("rightid"),作为全局变量供系统其他地方调用。

13.3.2　根据用户的权限做出不同的显示

用户登录成功后,根据返回的用户权限标识码与各功能组标识码进行与的位运算,判断当前用户是否有打开这个菜单的权限。比如用户的 session("righted")为 5,电子地图浏览功能组的功能 ID 为 1,5 与 1 按位进行与运算,得 1 则该用户可以浏览电子地图,以及与浏览电子地图相关的按键和菜单显示(操作);交通流量查询的功能 ID 为 2,5 与 2 按位进行与运算,得 0,则与交通流量查询相关的菜单和按键不可以显示(操作)。

由于功能组表中包含不同子系统中的所有功能组,所以实现了同一个用户使用一个用户名、密码登录所有的系统,并在一个表中解析其权限的功能。

13.4　本 章 小 结

本章介绍的基于 RBAC 的安全管理方案已成功应用于系统,由于其用户、角色、权限条理清晰,大大减轻了管理人员的维护负担,而且整个系统的安全设置集中在数据库单个表中,避免了数据冗余造成的错误。另外,由于这种模型结构科学,在功能扩展时不涉及对安全管理设置模块和数据库表结构的任何改动,非常易于系统扩展。所以,这是设计庞大的、可扩展系统的安全管理模块的高效的方法,对类似系统的安全设计都有借鉴作用。

第 14 章　云存储的应用

云存储是为解决传统存储无法解决的问题而产生的,并不是要完全取代传统的存储。存储方案的选择,要根据数据的形态、数据量及数据读写的方式来做规划。每个存储方案都有它的优点与缺点。

14.1　云存储的种类及其应用

14.1.1　云存储的分类

云存储分为两类:Block Storage 和 File Storage。

1. Block Storage

Block Storage 会把单笔的数据写到不同的硬盘,借以得到较大的单笔读写带宽,适合用在数据库或是需要单笔数据快速读写的应用。它的优点是对单笔数据读写很快,缺点是成本较高,并且无法解决真正海量文件的储存,像 Equal-Logic3PAR 的产品属于这一类。

Block Storage 适合于应用于快速更改的单一文件系统。快速更改单一文件的例子包括数据库、共用的电子表单,在这些例子中,好几个人共享一个文件,文件经常性地、频繁的更改。为了达到这样的目的,系统必须具备很大的内存、很快的硬盘及快照等功能,市场上有很多这样的产品可以选择。

HPC 是主要针对单一文件需要大量写入的高性能计算,某些高性能计算有成千上百个使用端,同时读写单一个文件,为了提高读写效能,这些文件被分布到很多个节点,这些节点需要紧密地协作,才能保证数据的完整性,这些应用由集群软件负责处理复杂的数据传输。例如石油探勘及财务数据模拟。

2. File Storage

File Storage 是基于文件级别的存储,它是把一个文件放在一个硬盘上,即使文件太大拆分时,也放在同一个硬盘上。它的缺点是对单一文件的读写会受到单一硬盘效能的限制,优点是对一个多文件、多人使用的系统,总带宽可以随着存储节点的增加而扩展,它的架构可以无限制的扩容,并且成本低廉,代表的厂商如 Parascale。

File Storage 适合应用的场合包括：

(1)文件较大,总读取带宽要求较高时,例如网站、IPTV 。

(2)多个文件同时写入时,例如监控。

(3)长时间存放的文件时,例如文件备份、存放或搜寻。

这些应用有一些共通的特性:文件的并发读取、文件及文件系统本身较大、文件使用期较长、对成本控制要求较高等等。

14.1.2 典型的 File Storage 应用

1. 文件及内容搜寻

大部分的情况下,数据存放久了,使用的机会就会比较少,但为了可以查询,不管是公司资料还是媒体内容,查询的成本必须低于数据本身的价值,这样才有效率。用户可以使用旧的甚至淘汰不用的服务器建立云存储,存放这些旧的数据以供查询。

File Storage 支持标准的网络协议,对使用者来说,就是一个 NAS,用户在使用时,几乎不需更动数据中心任何的应用端程序,一些旧的数据,可以迁移到这个云存储中,我们可以把它作为 Tier-2 的 NAS 来使用。Tier-2 是指二级存储的意思。

2. 多文件大量写入的应用

监控是大量数据写入的典型应用,成千上万的摄像头,将数据写到各自的文件中,在一个云存储中,有很多存储节点,每个存储节点可以提供多个摄像头写入,在写的带宽不够时,只要增加存储节点即可,由于数据集中处理,只需要一个管理人员,便能管理整个监控系统。

3. 数据大量读取的应用

数据挖掘及高性能计算是大量读取的标准应用,这些应用需要很大的读取带宽,这些带宽的要求往往不是现有一般的 NAS 可以提供的,云存储可以把很多文件分散写到不同的存储节点,以便透过多个存储节点的并发得到最大的带宽。这里的高性能计算与 Block Storage 中说的不同点是,这里的高性能计算所读取的不是单一文件,而是从不同存储节点读取很多文件,这是 File Storage 的强项。

4. 多个使用端都希望读取同一个文件的应用

IPTV 及网站的特质是,一个文件同时供很多人读取,为了应付大量及突如其来的读取需求,云存储会复制多份文件,以满足应用端读取的需求。

以上简单了介绍云存储的种类及适合的应用,总之云存储是希望借由服务器便宜的成本及弹性的架构,解决传统存储不能满足的问题,客户可以根据数据的形态,选择合适的存储方案。

14.2　云存储的应用实例

云存储到底能用来干什么? 通过云存储能用在什么样的业务系统中? 本节介绍云存储的应用实例。

14.2.1　个人级云存储实例

1. 网络磁盘

相信很多人都使用过腾讯、MSN 等很多大型网站所推出"网络磁盘"服务。网络磁盘是在线存储服务,使用者可通过 WEB 访问方式来上传和下载文件,实现个人重要数据的存储和网络化备份。高级的网络磁盘可以提供 WEB 页面和客户端软件等两种访问方式,它可以通过客户端软件在本地创建一个名盘符为 X 的虚拟磁盘,实现重要文件的存储和管理,使用的方式与使用本地磁盘相同。网络磁盘的容量空间一般取决与服务商的服务策略,或取决于使用者想服务商支付的费用多少。

2. 在线文档编辑

经过近几年的快速发展,Google 所能提供的服务早已经从当初单一的搜索引擎,扩展到了 Google Calendar、Google Docs、Google Scholar、Google Picasa 等多种在线应用服务。Google 一般都把这些在线的应用服务称之为云计算。相比较传统的文档编辑软件,Google Docs 的出现将会使我们的使用方式和使用习惯发生巨大转变,今后我们将不再需要在个人 PC 上安装 office 等软件,只需要打开 Google Docs 网页,通过 Google Docs 就可以进行文档编辑和修改(使用云计算系统),并将编辑完成的文档保存在 Google Docs 服务所提供的个人存储空间中(使用云存储系统)。无论我们走到哪儿,都可以再次登录 Google Docs,打开保存在云存储系统中的文档。通过云存储系统的权限管理功能,还有能轻松实现文档的共享、传送、以及版权管理。

3. 在线的网络游戏

近年来,网络游戏越来越收到年轻人的喜爱,传奇、魔兽、武林三国等各种不同主题和风格的游戏层出不穷,网络游戏公司也使出浑身解数来吸引玩家。但很多玩家都会发现一个很重要的问题:那就是由于带宽和单台服务器的性能限制,要满足成千上万个玩家上线,网络游戏公司就需要在全国不同地区建设很多个游戏服务器,而这些游戏服务器上玩家相互之间是完全隔离的,不同服务器上的玩家根本不可能在游戏中见面,更不用说一起组队来完成游戏任务。以后,我们可以通过云计算和云存储系统来构建一个庞大的、超能的游戏服务器群,这个服务器群系统对于游戏玩家来讲,就如同是一台服务器,所有玩家在一起进行竞争。云计算和云存储的应用,可以代替现有的多服务器架构,使所有玩家都能集中在一个游戏服务器组的管理之下。所有玩家聚集在一起,这将会使游戏变得更加精彩,竞争变得更加激烈。同时,云计算和云存储系统的使用,可在最大限度上提升游戏服务器的性能,实现更多的功能;各玩家除了不再需要下载、安装大容量的游戏程序外,更免除了需要定期进行游戏升级等问题。

14.2.2　企业级云存储实例

除了个人级云存储应用外,企业级云存储应用也即将会面世,而且以后可能会成为云存储应用的主力军。从目前不同行业的存储应用现状来看,以下几类系统将有可能很快进入云存储时代。

1. 企业空间租赁服务

信息化的不断发展使得各企业、单位的信息数据量呈几何曲线性增长。数据量的增长不仅仅意味着更多的硬件设备投入,还意味着更多的机房环境设备投入,以及运行维护成本和人力成本的增加。即使是现在仍然有很多单位、特别是中小企业没有资金购买独立的、私有的存储设备,更没有存储技术工程师可以有效地完成存储设备的管理和维护。通过高性能、大容量云存储系统,数据业务运营商和 IDC 数据中心可以为无法单独购买大容量存储设备的企事业单位提供方便快捷的空间租赁服务,满足企事业单位不断增加的业务数据存储和管理服务,同时,大量专业技术人员的日常管理和维护可以保障云存储系统运行安全,确保数据不会丢失。

2. 企业级远程数据备份和容灾

随着企业数据量的不断增加,数据的安全性要求也在不断增加。企业中的数据不仅要有足够的容量空间去存储,还需要实现数据的安全备份和远程容灾。不仅要保证本地数据的安全性,还要保证当本地发生重大的灾难时,可通过远程备份或远程容灾系统进行快速恢复。通过高性能、大容量云存储系统和远程数据备份软件,数据业务运营商和 IDC 数据中心可以为所有需要远程数据备份和容灾的企事业单位提供空间租赁和备份业务租赁服务,普通的企事业单位、中小企业可租用 IDC 数据中心提供的空间服务和远程数据备份服务功能,可以建立自己的远程备份和容灾系统。

3. 视频监控系统

近两年来,电信和网通在全国各地建设了很多不同规模的"全球眼"、"宽视界"网络视频监控系统。"全球眼"或"宽视界"系统的终极目标是建设一个类似话音网络和数据服务网络一样的，遍布全国的视频监控系统，为所有用户提供远程（城区内的或异地的）的实时视频监控和视频回放功能，并通过服务来收取费用。但由于目前城市内部和城市之间网络条件限制，视频监控系统存储设备规模的限制，"全球眼"或"宽视界"一般都能在一个城市内部，甚至一个城市的某一个区县内部来建设。假设我们有一个遍布全国的云存储系统，并在这个云存储系统中内嵌视频监控平台管理软件，建设"全球眼"或"宽视界"系统将会变成一件非常简单的事情。系统的建设者只需要考虑摄像头和编码器等前端设备，为每一个编码器、IP摄像头分配一个带宽足够的接入网链路，通过接入网与云存储系统连接，实时的视频图像就可以很方便地保存到云存储中，并通过视频监控平台管理软件实现图像的管理和调用。用户不仅可以通过电视墙或PC来监看图像信号，还可以通过手机来远程观看实时图像。

14.2.3 云端数据的存储与访问

1. 云存储设计考虑的因素

云存储不是要取代现有的盘阵，而是为了应付高速成长的数据量与带宽而产生的新形态存储系统，因此云存储在设计时通常会考虑以下三方面内容。

（1）容量、带宽的扩容是否简便。

扩容是不能停机，会自动将新的存储节点容量纳入原来的存储池，不需要做繁复的设定。

（2）带宽是否线性增长。

使用云存储的客户，很多是考虑未来带宽的增长，因此云存储产品设计的好坏会产生很大的差异，有些十几个节点便达到饱和，这样对未来带宽的扩容就有不利的影响，这一点要事先弄清楚，否则等到发现不符合需求时，已经买了几百TB，会造成很大的经济损失。

（3）管理是否容易。

不说Google有五万台存储服务器，即使国内也有很多企业拥有超过500台存储服务器，若不使用云存储来统一管理，管理500台存储服务器将产生巨大的难度和工作器，一不小心就可能导致某些应用的崩溃，因此云存储的应用是一个必然的趋势，当用户把应用迁移到云存储，他管理的就是一台存储，而不是500台甚至五万台存储。管理一台存储不容易出错，分别管理五万台要不出错就很难了。例如读写性能、网卡、硬盘容量等，因此我个人观点觉得软件的解决方案会成为最后的赢家，因为以云存储使用者的角度来看，他们对成本的要求很高、也不希望放弃他们原有的硬件投入，这些都是硬件的解决方案无法满足的。

参考云状的网络结构，创建一个新型的云状结构的存储系统系统，这个存储系统由多个存储设备组成,通过集群功能、分布式文件系统或类似网格计算等功能联合起来协同工作,并通过一定的应用软件或应用接口,对用户提供一定类型的存储服务和访问服务。

2. 云端数据存储与访问

企业首先将需要放置在云端的数据进行等级划分,区分出一维至四维数据,并将相关信息传递给云存储系统。

1)云端数据等级划分与传递

云端数据等级划分与传递如图 14.1 所示。

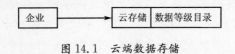

图 14.1　云端数据存储

2)用户注册

对于需要访问企业数据的用户,首先要在企业进行注册备案,根据用户等级的不同,企业提供给用户的认证信息也不同。对于低级别的用户,认证信息只需要简单地用户名和口令即可;对于高级别的用户,为了充分保证数据安全,除了要求提供用户名和口令,应该还需要采用动态密码、邮箱认证,以至 CA 证书、质问识别等手段来对用户身份进行认证。用户在企业注册成功后,企业将相关信息发给云存储系统,以便在用户访问数据时进行查验。

用户注册流程如图 14.2 所示。

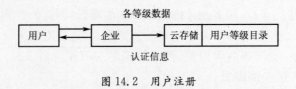

图 14.2　用户注册

3)用户访问云端数据

用户需要访问云端数据时,先将相关的身份认证信息提交给云存储系统,系统在用户等级目录中进行查询并对用户的认证信息进行验证。一切信息验证合法后,系统提供出用户有权限访问的数据目录,用户进行选择后,将相关数据返回给用户。访问过程如图 14.3 所示。

上面这种根据数据重要性的不同,对访问不同安全等级数据的用户采用不同的验证手段,避免了对所有的用户采用统一验证方法所带来的验证手段过于简单而导致云存储数据的不安全,又或者验收手段过于复杂,额外增加用户和系统的工作量。

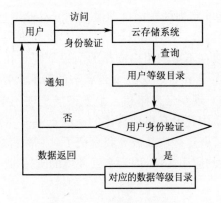

图 14.3 用户访问云端数

14.2.4 云存储的备份、归档、分布和协同

1. 备份

像 Mozy 和 Carbonite 等厂商的备份实例已经开始从消费模式或者生产消费模式更多地渗透到中小企业市场。在备份方面,最常见的方法就是使用混合配置方法,也就是将你最常用的数据组保存在本地,然后复制到云存储中。Axcient 和 DS3 都提供了这种功能性。

2. 归档

归档最终将在商业云存储市场占据大部分市场份额。归档是云存储的一个理想使用实例——将陈旧数据从你自己的设备迁移到其他人的设备中。这个迁移过程是安全的,可进行端对端的加密,很多提供商甚至不会保留密钥,这样他们就不能看到你的数据。混合模式在这方面也倍受欢迎。这种模式让归档变得非常简单,只需要将数据复制到一个类似 NFS 或者 CIFS 挂接点上。Nirvanix、Bycast 和 IronMoundtain 都提供了这种产品或者服务。在归档方面,用户需要采用这些产品的 API 组。例如,我想对归档中某些特定的元数据打上标签。理想地说,我应该在启动归档之前设定归档时间和冗余性。

3. 分布和协同

目前来说,分布或者协同的使用实例更多是由服务提供商提供的。这两种模式通常使用来自多长提供商的一种云基础架构产品,例如上面提到的 Nirvanix 或者 Bycast,还有 Mezeo、Parscale、EMCAtmos 和 Cleversafe。其他像 Permabit 或者 Nexsan 等传统归档和可扩展存储厂商也提供了这种专门的云产品。由此看来,服务提供商将利用并运行这些基础架构。我们将开始看到这个领域厂商之间的分离。Box. net 采用了一种类似于 Facebook 的协同模式,

Sooner 通过其备份功能将你的数据自动保存到云存储中，然后让你基于使用需求共享或者处理这些内容。Dropbox 和 SpiderOak 也开发出了很强大的多平台备份和同步代理，可以在不影响用户操作的前提下同步和实现共享。在共享方面存在着一种加强 checkin/checkout 文件状态的需求。我需要持续了解谁正在对哪些文件进行操作。现在云存储和云服务市场呈现一派繁荣景象，有成百上千种产品，在这篇文章中我没有提到具体的一款产品并不意味着这些产品不可靠，只是因为我并不了解这些产品或者我忘记了。总而言之，云存储将从分散应用逐渐转向有针对性的应用实例，因为有云环境的支持，这些使用实例将更具价值且更加完善。

14.2.5　云存储在基因研究的应用实例

基因组的研究是未来极具潜力的产业，在这样一个数据不断增长的研究领域，他们如何解决数据存储的问题呢？我们将以美国 Standford 基因研究中心为例（一天可以产生 15TB 数据），探讨这样一个产业，他们是如何解决数据存储的问题，Standford 基因研究中心在采购存储设备时，主要考虑下列几点：

（1）能否能满足高性能计算？

（2）能否满足现在及未来对容量及带宽的要求？

（3）是否可以让研究人员自行管理存储？

（4）成本？

（5）当硬盘或设备坏掉时，数据是否安全？

云存储的建立，有很多种方式，Standford 基因研究中心选用的是纯软件的解决方案，这个方案允许客户使用不同的服务器组成海量、可扩展的存储池，这个存储池可以提供多人同时使用，而且方便管理，它的好处包括：

1. 可使用任意服务器

支持任意公司的服务器，不同容量、介质、品牌的硬盘，不同的网卡，只要能安装 Linux 即可。客户可以利用旧的、不用的服务器开始建立一个云存储，之后即使加上新的服务器，二者也可以共同工作，不会有影响。这样可以降低公司的成本，而存储节点的退出，也很容易，可以在线进行，完全不会影响系统运作。

2. 容量扩展非常方便

允许客户从很小的容量开始建立自己的云存储，当容量不够时，只要增加存储节点即可无缝的扩展到数百个 PB 的容量，完全不影响应用服务。扩展容量时，只要在存储节点上安装云存储软件，然后接到网络交换机上，开启电源，控制节点侦测到新的存储节点，便会把新的存储容量合并到原来的存储池，整个过程完全在线操作，不影响系统原先的数据读写，使用者还是读写原来的文件，只是存储空间变大了。控制节点会把一些数据自动迁移到新的存储节点,以便增加存储读写能力。与传统增加存储空间或带宽时需要停机处理相比,云存储软件带给客户很多的方便。

云存储软件还提供精简配置(thin provisioning)的功能,客户在规划存储空间时,可以超过硬盘容量,等客户实际使用超过设定的界限时,云存储软件会警告管理者增加存储空间,这样可以避免预估错误而导致的容量浪费。

3. 易于管理

对于拥有很多存储的客户,存储是否容易管理非常重要,云存储可以透过一台电脑轻易管理 100 个以上存储节点,管理者可以透过管理界面,了解容量使用及机器、硬盘健康状况。

4. 透过多重复制增加数据安全性

高性能计算过程产生的数据非常重要,为保证计算过程产生的数据不会因为硬盘、存储节点故障导致数据丢失,云存储支持多份复制,系统会自动将文件复制到其他存储节点,这可以保证某些存储节点故障时,服务不会中断且数据不丢失。当新增加存储节点或是硬盘时,系统会自动把数据从负载较大的地方迁移到新的存储节点或硬盘,系统会在不影响应用端使用的情况下,透过因特网口自动迁移、复制文件,以保证容量、读写负载的均衡,完全的自动化,使系统管理变的非常简便。

5. 不需更改系统架构

云存储软件支持标准的网络协议如 NFS, HTTP,FTP 及 WebDav,从应用端看来,它就是一个 NAS,可以在不更改客户网络架构的情况下,把云存储直接与原来系统结合。当分析数据出来后,使用者可以透过浏览器存取数据,管理者只要利用鼠标就可以轻松的设定存取权限,对远端使用者非常方便。

6. 读写性能的线性增长

每一个文件系统都是跨越所有的存储节点,当云存储收到一个读写指令时,控制节点会把指令导向存储节点,数据的读写不需经过控制节点,这可以避免产生流量瓶颈,以满足高性能计算的带宽要求,透过平行输出处理,云存储软件的读取带宽可以达到数百 GB/s。多重复制除了用来保护数据安全,也可以用来提升读取性能,当用户端负载很大时,管理者可以增加复制份数,这样文件会被复制到不同的存储节点,使得更多的存储节点也能提供该文件,增加读取性能。

Standford 的专家 Dr Baback Gharizadeh 在用了这种云存储系统后的评价是这样的"最新的基因运算过程所产生的数据量,是过去的数百倍,我们一直在寻找一个经济、有效的方式来储存这些海量扩增且有价值的数据,经过一段时间测试后,我们确定 P 公司的产品能满足我们的数据快速增加及价格的各项需求,而且它非常容易管理,我们的基因专家自己便可以胜任。"

14.3 本章小结

云存储就是云计算的一个典型应用。据 IDC 的预测,全球在线存储服务市场的份额将在 2011 年达到 7.15 亿美元。同样是 EMC 收购的一家公司 Mozy,两年前就已经开始提供在线备份服务,目前拥有的付费客户达到几十万,不仅包括个人用户,还有像通用电气公司这样的大型企业客户。EMC 公司全球副总裁兼中国研发中心总经理范承工就是 Mozy 的忠实用户。

第 15 章　Rijndael 算法与应用

Rijndael 作为下一代分组密码算法标准，是一种最新流行的加密算法。本节对这一算法进行了较深入的研究和分析，阐述了该算法的实现原理和过程，并给出了 Rijndael 算法在文件加解密过程实现的关键代码。

15.1　Rijndael 算法简介

AES(Advanced Encryption Standard)是美国联邦标准局于 1997 年开始向全世界征集的加密标准，属于对称加密算法，代表了当今最先进的编码技术，Rijndael算法经过考验，从入选的 15 种算法中脱颖而出。

2001 年美国国家标准技术协会已经将 Rijndael 算法作为下一代对称密码算法的标准，该算法借鉴了很多 Square 算法的设计思想。它允许 128/192/256 位密钥长度，不仅能够在 128 位分组上工作，也能够在不同的硬件上工作。Rijndael 属对称加密，是一种可变数据块长和可变密钥长的迭代分组加密算法，在安全、性能、效率、可实现、灵活等有多方面的优点，它被设计成数据块长、密钥长为 128/192/256 三个可选长度，来加密 128bit 分组，相应的加密轮数分别为 10/12/14，每一轮循环都有一个来自于初始密钥的循环密钥。

Rijndael 算法由比利时计算机科学家 Vincent Rijmen 和 Joan Daemen 开发，它使用 128/192/256 位的密钥长度，比 56 位的 DES 更健壮可靠。美国国家标准技术研究所选择 Rijndael 作为美国政府加密标准 AES 的加密算法，取代早期的数据加密标准 DES。Rijndael 作为一种迭代分组加密算法，其数据块长度和密钥长度均是可变的，统计显示，即使使用目前世界上运算速度最快的计算机，穷尽 128 位密钥也要花上几十亿年的时间，更不用说去破解采用 256 位密钥长度的 AES 算法了。因此它汇聚了强安全性、高性能、高效率、易用和灵活等优点被广泛应用在各个领域中。

15.2　Rijndael 基本术语

1. 状态

状态由一个 4 行、N_b 列的二维字节数组表示，N_b 等于数据块长度除以 32，

如 $N_b=4$ 时的状态为：

$$\begin{bmatrix} a_{00} & a_{01} & a_{02} & a_{03} \\ a_{10} & a_{11} & a_{13} & a_{14} \\ a_{20} & a_{21} & a_{22} & a_{23} \\ a_{30} & a_{31} & a_{32} & a_{33} \end{bmatrix}$$

2. 分组密钥

Rijindael 的消息组 a_{00} 长度和密钥长度可以是 128/192/256bit。为了方便数据的计算和算法的描述，限制密钥长度为 128 位，128 位输入分成 16 个字节，每字节 8 位，密码也类似由一个 4 阶方阵组成，N_k 等于密码的长度除以 32，即

$$\begin{bmatrix} k_{00} & k_{01} & k_{02} & k_{03} \\ k_{10} & k_{11} & k_{13} & k_{14} \\ k_{20} & k_{21} & k_{22} & k_{23} \\ k_{30} & k_{31} & k_{32} & k_{33} \end{bmatrix}$$

3. 加密轮数 N_r

设 N_b 为一个消息组经上述处理后得到的字的个数，N_k 为加密密钥处理后的字的个数。那么 $N_b=4,6,8,N_k=4,6,8$ 时，加密的轮数 N_r 由 N_b 和 N_k 控制，控制原则如表 15.1 所列。

表 15.1　密钥长度 N_b、加密分组长和加密轮数 N_r 之间的关系

可选密钥长度	密钥长度 N_b	加密分组长	加密轮数 N_r
128	4 字	128bit(4 字)	10
192	6 字	128bit(4 字)	12
256	8 字	128bit(4 字)	14

4. 移动行变换

把明文组记为 $4 \times N_b$ 的矩阵，对每行实行不同的左移位，每行的左移位数 $c_1 c_2 c_3$ 分别由 N_b 按照下表 15.2 决定（第一行不移位）。

将矩阵的 4 行分别按偏移量 0,1,2,3 循环左移，得到

$$\begin{bmatrix} b_{00} & b_{01} & b_{02} & b_{03} \\ b_{11} & b_{12} & b_{13} & b_{14} \\ b_{22} & b_{23} & b_{24} & b_{25} \\ b_{33} & b_{34} & b_{35} & b_{36} \end{bmatrix} \xrightarrow{\text{循环左移}} \begin{bmatrix} c_{00} & c_{01} & c_{02} & c_{03} \\ c_{10} & c_{11} & c_{12} & c_{13} \\ c_{20} & c_{21} & c_{22} & c_{23} \\ c_{30} & c_{31} & c_{32} & c_{33} \end{bmatrix}$$

表 15.2　左移位数的确定

N_b	c_1	c_2	c_3
4	1	2	3
6	1	2	3
8	1	3	4

5. 字节转换

字节变换是作用在各字节上的非线性变换,把每个 8bit 的字节看成有限域 $GF(2^8)$ 中的一元素,把 x 分成 16 个字节组成 4×4 的矩阵,即

$$\begin{bmatrix} x_{00} & x_{01} & x_{02} & x_{03} \\ x_{10} & x_{11} & x_{12} & x_{13} \\ x_{20} & x_{21} & x_{22} & x_{23} \\ x_{30} & x_{31} & x_{32} & x_{33} \end{bmatrix}$$

对 x 中的每一个字节 x_{ij} 作如下变换:字节的前 4 位作为 S 盒行坐标,后 4 位作为 S 盒的列坐标,用行列坐标处的值替换该字节 x_{ij},每个字节在矩阵中通过 S 盒被转化为另外一个字节,则输出 $y(x)$,即

$$\begin{bmatrix} b_{00} & b_{01} & b_{02} & b_{03} \\ b_{10} & b_{11} & b_{12} & b_{13} \\ b_{20} & b_{21} & b_{22} & b_{23} \\ b_{30} & b_{31} & b_{32} & b_{33} \end{bmatrix}$$

例如:输入字节为 10001011,经查下面 S 盒表 15.3 可知行 8(前 4 位作为 S 盒行坐标),列 12(后 4 位作为 S 盒的列坐标)为值得值为 61,二进制表示为 111101。

S 盒代换表分两步:

(1)$GF(2^8)$ 上乘法取逆:$b^{-1}(x) = a(x) \bmod m(x)$,其中 $m(x) = x^8 + x^4 + x^3 + x + 1$

(2)从 $GF(2^8)$ 到 $GF(2^8)$ 上的仿射函数为:

$$\begin{bmatrix} y_0 \\ y_1 \\ y_2 \\ y_3 \\ y_4 \\ y_5 \\ y_6 \\ y_7 \end{bmatrix} = \begin{bmatrix} 1 & 0 & 0 & 0 & 1 & 1 & 1 & 1 \\ 1 & 1 & 0 & 0 & 0 & 1 & 1 & 1 \\ 1 & 1 & 1 & 1 & 0 & 0 & 1 & 1 \\ 1 & 1 & 1 & 1 & 0 & 0 & 0 & 1 \\ 1 & 1 & 1 & 1 & 1 & 0 & 0 & 0 \\ 0 & 1 & 1 & 1 & 1 & 1 & 0 & 0 \\ 0 & 0 & 1 & 1 & 1 & 1 & 1 & 0 \\ 0 & 0 & 0 & 1 & 1 & 1 & 1 & 1 \end{bmatrix} \begin{bmatrix} x_0 \\ x_1 \\ x_2 \\ x_3 \\ x_4 \\ x_5 \\ x_6 \\ x_7 \end{bmatrix} + \begin{bmatrix} 1 \\ 1 \\ 0 \\ 0 \\ 0 \\ 1 \\ 1 \\ 0 \end{bmatrix}$$

6. 有限域 $GF(2^8)$

有限域中的元素是按字节计算的,$GF(2^8)$ 的元素代表 8bit 的字节。例如 $x^7 + x^6 + x^3 + x + 1$ 代表 11001011,Rijindael 算法选择的多项式为 $x^8 + x^4 + x^3 + x + 1$。

表 15.3　Rijndael 的 S 盒

	0	1	2	3	4	5	6	7	8	9	10	11	12	13	14	15
0	99	124	119	123	242	107	111	197	48	1	103	43	254	215	171	118
1	202	130	201	125	250	89	71	240	173	212	162	175	156	164	114	192
2	183	253	147	38	54	63	247	204	52	165	229	241	113	216	49	21
3	4	119	35	195	24	150	5	154	7	18	128	226	235	39	178	117
4	9	131	44	26	27	110	90	160	82	59	214	179	41	227	47	132
5	83	209	0	237	32	252	177	91	106	203	190	57	74	76	88	207
6	208	239	170	251	67	77	51	133	69	249	2	127	80	60	159	168
7	81	163	64	143	146	157	56	245	188	182	218	33	16	255	243	210
8	205	12	19	236	95	151	68	23	196	167	126	61	100	93	25	115
9	96	129	79	250	34	42	144	136	70	238	184	20	222	94	11	219
10	224	50	58	10	73	6	36	92	194	211	172	98	145	149	228	121
11	231	200	55	109	141	213	78	169	108	86	244	234	101	122	174	8
12	186	120	37	46	28	166	180	198	232	221	116	31	75	189	139	138
13	112	62	181	102	72	3	245	14	97	53	87	185	134	193	29	158
14	225	248	152	17	105	217	142	148	155	30	135	233	206	85	40	223
15	140	161	137	13	191	230	66	104	65	153	45	15	176	84	187	22

7. 混合列变换

是 $GF(2^8)$ 上的一个线性变换,变换矩阵 C 定义为: C: $F_2^{128} \rightarrow F_2^{128}$ 是一个列置换。此处的矩阵运算乘积的结果之和采用的是按位异或,乘运算则按照模乘同余规则计算。每一个元素都是一个字节,可以看成一个形式上的 7 次多项式 $b_7x^7 + b_6x^6 + b_5x^5 + b_4x^4 + b_3x^3 + b_2x^2 + b_1x^1 + b_0x^0$,如 $(10110011) = x_7 + x_5 + x_4 + x_1 + 1$。在 Rijndael 算法中,为了使两个 7 次多项式的乘积限制在 8bit 长度,通常将乘积的结果采用模一个 8 次不可约多项式 $(100011011) = x^8 + x^4 + b_3x^3 + b_1x + b_0$ 的方法,即将乘积除以该多项式并取其余式,得到一个 8bit 的值。其中的按位异或操作和多项式乘法均在 $GF(2^8)$ 中进行。

8. 轮密钥的生成

轮密钥的生成过程包括加密密钥的扩张和轮密钥的选取两个部分。轮密钥加(AddRoundKey)变换在此操作中,轮密钥被简单的异或到状态中,轮密钥根据密钥表得出,它的长度等于数据块的长度 N_b。

1)加密密钥的扩张

最初的密钥包括 128 位,被排成一个 4 阶方阵,该矩阵附加 40 列后扩展为,前 4 列分别标记为 $W(0)$，$W(1)$，$W(2)$，$W(3)$。新的列是循环产生的，设列的增加通过已定义的 $W(i-1)$ 列来获取。若 i 不是 4 的倍数，则有 $W(i)=W(i-4)$ $\oplus W(i-1)$，反之有 $W(i)=W(i-4)\oplus T(W(i-1))$。

$T(W(i-1))$ 是 $W(i-1)$ 经过变换得到的：设列 $W(i-1)$ 的元素为 $a,b,c,$ d，经过循环移位后得到 b,c,d,a，再用 S 盒中相应元素取代之，得到 e,f,g,h，最后在有限域 $GF(2^8)$ 中计算循环常量 $r(i)=00000010(i-4)/4$，得到的 T $(W(i-1))$ 就是列向量 $(e\oplus r(i),f,g,h)$，所以说 $W(4)$，$W(5)$，…，$W(43)$ 均由最初 4 列获取。

第 i 个循环的循环密钥由下列组成：$W(4i)$，$W(4i+1)$，$W(4i+2)$，$W(4i+3)$。

2）轮密钥的选取

加密密钥经过扩张产生了 $N_b(N_R+1)$ 个 16bit 字，把它们均等地分成 N_R+1 块，每块包含 N_b 个 16bit 字，那么第一个轮密钥就是第一个块，第二个轮密钥就是第二个块，依此类推得到所有的轮密钥。

密码输入（原文）字节按 a_{00}，a_{10}，a_{20}，a_{30}，a_{01}，a_{11}，a_{21}，a_{31}。……的顺序映射为状态中的字节。密钥按 k_{00}，k_{10}，k_{20}，k_{30}，k_{01}，k_{11}，k_{21}，k_{31}。……的顺序映射为状态中的字节。加密操作结束时，密码输出（密文）按同样的顺序从状态中取出。

15.3　Rijndael 算法的实现

Rijindael 算法由 10 轮、12 轮、14 轮循环组成，加密过程的每轮循环都有一个循环密钥，每轮循环有 4 个基本步骤组成：字节转换、移动行变换、混合列变换、加循环密钥。因属对称加密，在加密和解密时都使用相同的密钥。

1. 加密过程

加密过程分为四个阶段：密钥扩展、轮密钥加、N_r-1(128/192/256 位密钥长度，N_r 分别为 10/12/14)轮变换及最后一轮变换。轮变换包括字节代换、行移位、列混淆和轮密钥加四个过程，最后一轮变换包括字节代换、行移位和轮密钥加三个过程。流程图如图 15.1 所示。具体过程为：①取明文分组为 128bit 的数据 x；②与原始密钥 k_1 异或；③S 盒变换；④行置换；⑤列置换；⑥与子密钥 k_i 异或；⑦重复③～⑥。

2. 解密过程

Rijndael 解密过程是加密的逆过程，每轮循环中的步骤都被它们的逆所替换，值得注意的是：循环密钥使用起来应该颠倒次序。具体过程为：①取加密分组数据 S；②与子密钥 k_i+1 异或；③反行置换；④反盒置换；⑤与子密钥 k_i 异或；⑥反列置换；⑦得解密分组数据；⑧恢复明文分组数据。

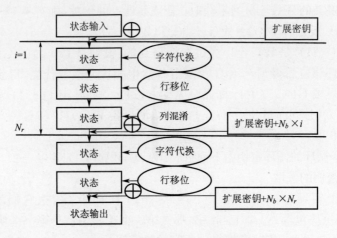

图 15.1 Rijndael 算法加密流程

15.4 Rijndael 算法的应用

Rijindael 算法常被用于文件的加解密过程，加密时先将读入的明文依次分组，用加密密钥将明文加密后写入文件中；解密时用解密密钥将文件中的密文解密后将明文写入结果文件中。

15.4.1 加密实现

利用 Rijindael 算法实现加密的关键代码为：

```
public static void EncryptTextToFile(String Data, String FileName,
byte[] Key, byte[] IV)
{
try
{ // 创建文件
  FileStream fStream = File.Open(FileName, FileMode.OpenOrCreate);
// 创建新的 Rijndael 对象
  Rijndael RijndaelAlg = Rijndael.Create();
// 创建加密流，以 passed key 和 initialization vector (IV)填充
  CryptoStream cStream = new CryptoStream(fStream,
  RijndaelAlg.CreateEncryptor(Key, IV),
  CryptoStreamMode.Write);
```

```
// 用加密流创建 StreamWriter
    StreamWriter sWriter = new StreamWriter(cStream);
    try
    { // 加密
        sWriter.WriteLine(Data);
    }
    catch (Exception e)
    {
        Console.WriteLine("An error occurred: {0}", e.Message);
    }
    finally
    { // 关闭文件
        sWriter.Close();
        cStream.Close();
        fStream.Close();
    }
    }
    catch (CryptographicException e)
    {
        Console.WriteLine ("A Cryptographic error occurred: {0}", e.
Message);
    }
    catch (UnauthorizedAccessException e)
    {
        Console.WriteLine("A file error occurred: {0}", e.Message);
    }
    }
```

15.4.2　解密实现

利用 Rijindael 算法实现加密的关键代码为：

```
public static string DecryptTextFromFile(String FileName, byte[] Key,
byte[] IV)
{
    try
    { // 创建文件流
    FileStream fStream = File.Open(FileName, FileMode.OpenOrCreate);
    // 创建新的 Rijndael 对象
```

```
Rijndael RijndaelAlg = Rijndael.Create();
//创建加密流,以 passed key 和 initialization vector (IV)填充
CryptoStream cStream = new CryptoStream(fStream,
RijndaelAlg.CreateDecryptor(Key, IV),
CryptoStreamMode.Read);
// 用加密流创建 StreamWriter
StreamReader sReader = new StreamReader(cStream);
string val = null;
try
{ // 解密
val = sReader.ReadLine();
}
catch (Exception e)
{
Console.WriteLine("An error occurred: {0}", e.Message);
}
finally
{ //关闭文件
sReader.Close();
cStream.Close();
fStream.Close();
}
// 返回密码结果
return val;
}
catch (CryptographicException e)
{
Console.WriteLine ("A Cryptographic error occurred: {0}", e.Mes-
sage);
return null;
}
catch (UnauthorizedAccessException e)
{
Console.WriteLine("A file error occurred: {0}", e.Message);
return null;
}
}
```

15.4.3 实际实现过程

```
try
    { // 创建新的 Rijndael 对象以产生 Key 和 IV（初始化向量）
      Rijndael RijndaelAlg= Rijndael.Create();
    // 需要加密的字符串及保存的文件名
        string sData = "Here is some data to encrypt.";
        string FileName = "CText.txt";
    // 利用 Key 和 IV 加密字符串到文件中
        EncryptTextToFile(sData, FileName, RijndaelAlg.Key, RijndaelAlg.
IV);
    // 利用 Key 和 IV 从文件中解密
        string Final= DecryptTextFromFile(FileName,RijndaelAlg.Key, Ri-
jndaelAlg.IV);
    // 显示密码
    Console.WriteLine(Final);
    }
    catch (Exception e)
    {
    Console.WriteLine(e.Message);
    }
```

15.5　本 章 小 结

　　Rijndael 算法作为 AES 标准，其密钥长度的安全性已经足够，分析结果表明，7 轮以上的 Rijndael 对于 square 攻击是安全的。Rijndael 算法已被广泛应用于身份认证、数字签名、结点加密机、网络加密等方面。Rijndael 也有一个非常小的版本（52 位），合适用在蜂窝电话、个人数字处理器（PDA）和其他的小型设备上。

第 16 章　信息隐藏技术的应用

近年来,数字产品的版权纠纷案件越来越多,侵权盗版活动也呈日益猖獗之势。原因是数字产品被大量复制是轻而易举的事情,如果没有有效的技术措施来阻止这个势头,必将严重阻碍电子出版行业乃至计算机软件业的发展。

人们首先想到的就是在数字产品中藏入版权信息和产品序列号,数字产品中的版权信息表示版权的所有者,它可以作为侵权诉讼中的证据,而数字产品编配的唯一产品序列号可以用来识别购买者的合法身份,从而为追查盗版者提供线索。此外,保密通信、电子商务以及国家安全等方面的应用需求也推动了信息隐藏研究工作的开展。

16.1　信息隐藏技术的应用历史

隐秘术的应用实例可以追溯到非常久远的年代。古希腊历史学家希罗多德在其著作中讲述了这样一则故事:一个名叫 Histaieus 的人筹划着与他的朋友合伙发起叛乱,里应外合,以便推翻波斯人的统治。他找来一位忠诚的奴隶,剃光其头发并把消息文刺在头皮上,等到头发又长起来了,把这人派出去送"信",最后叛乱成功了。

17 世纪,英国的 Wilkins 是资料记载中最早使用隐写墨水进行秘密通信的人,在 20 世纪的两次世界大战中德国间谍都使用过隐写墨水。早期的隐写墨水是由易于获得的有机物(例如牛奶、果汁或尿)制成,加热后颜色就会变暗从而显现出来。

1860 年出现了微缩胶片,可以利用信鸽来传递胶片,或者将胶片粘贴在无关紧要的杂志等文字材料中的句号或逗号上,从而实现对重要信息的隐藏。在一篇信函中,通过改变其中某些字母笔划的高度,或者在某些字母上面或下面挖出非常小的孔,以标识某些特殊的字母,这些特殊的字母组成秘密信息。隐秘术的应用还有将信函隐藏在信使的鞋底、衣服的皱褶中,妇女的头饰和首饰中实现信息隐藏。

随着化学技术的发展,使用化学方法可以实现比较高级的隐秘术,用笔蘸淀粉水在白纸上写字,然后喷上碘水,则淀粉和碘起化学反应后显出棕色字体,化学的进步促使人们开发更加先进的墨水和显影剂。一些艺术作品中采用隐秘术,在一些变形夸张的绘画作品中,从正面看是一种景象,侧面看又是另一种景象,这其中就可以隐含作者的一些政治主张或异教思想。

语言学中的隐秘术也是被广泛使用的一种方法。具有代表性的是"藏头诗",是把表明真意的字句分别镶嵌在诗句之中,有头嵌、腰嵌、底嵌、斜嵌等方式,一般为头嵌。《唐伯虎点秋香》中唐伯虎的藏头诗,历史上确实是唐伯虎所作,并非电视剧杜撰,原诗为:"我画蓝江水悠悠,爱晚亭上枫叶愁。秋月溶溶照佛寺,香烟袅袅绕经楼。",电视剧中的"我为秋香屈居童仆"来自唐伯虎真正写的是一首藏头词《西江月》。原词为:"我闻西方大士,为人了却凡心。秋来明月照蓬门,香满禅房出径。屈指灵山会后,居然紫竹成林。童男童女拜观音,仆仆何嫌荣顿。" 国外最著名的例子可能要算 Giovanni Boccaccio 的诗作,据说是"世界上最宏伟的藏头诗"作品。他先创作了三首十四行诗,总共包含大约 1500 个字母,然后创作另一首诗,使连续三行押韵诗句的第一个字母恰好对应十四行诗的各字母。

第二次世界大战期间一位热情的女钢琴家,常为联军作慰问演出,并通过电台播放自己谱写的钢琴曲。由于联军在战场上接连遭到失败,反间谍机关开始怀疑到这位女钢琴家,可一时又因找不到钢琴家传递情报的手段和途径而迟迟不能决断。原来这位德国忠实的女间谍,从联军军官那里获得军事情报后,就按照事先规定的密码巧妙地将其编成乐谱,并在电台演奏时一次次公开将重要情报通过悠扬的琴声传递出去。

现代又发明了很多方法用于信息隐藏:高分辨率缩微胶片、扩频通信、流星余迹散射通信、语义编码(Semagram)等。其中,扩频通信和流星余迹散射通信多用于军事上,使敌手难以检测和干扰通信信号;语义编码是指用非文字的东西来表示文字消息的内容,例如把手表指针拧到不同的位置可表示不同的含义,用图画、乐谱等都可以进行语义编码。

16.2　信息隐藏技术在版权保护中的应用

1. 数据锁定

出版商从降低成本的角度出发,将多个软件或电子出版物集成到一张光盘上出售,盘上所有的内容均被分别进行加密锁定,不同的用户买到的均是相同的光盘,每个用户只需付款买他所需内容的相应密钥,即可利用该密钥对所需内容解除锁定,而其余不需要的内容仍处于锁定状态,用户是看不到的。这样,拥有相同光盘的不同用户,由于购买了不同的密钥,只得到光盘上相应的内容,这为用户和商家都提供了极大的便利。同理,在 Internet 上数据锁定可以应用于 FTP(文件传送协议)服务器或一个 Web 站点上的大量数据,付费用户可以利用特定的密钥对购买的内容解除锁定。但随之而来的问题是,解除锁定后存于硬盘上的数据便可以被共享、拷贝,因此,仅仅依靠使用数据锁定技术还无法阻止加密锁定的数据被非法扩散。

密码在数据锁定技术中扮演着重要的角色,如果能做到破译密码的代价高于被保护数据的价值,那么我们就有理由认为数据锁定技术能够使出版商的利益得到可靠的加密保护。

2. 隐匿标记

此处主要介绍一下如何利用文字间隔的改变来嵌入隐匿标记。

(1)在文本文件中,字与字间、行与行间均有一定的空白间隔,把这些空白间隔精心改变后就可以根据隐藏的标记信息来识别版权所有者,而文件中的文字内容不需作任何改动。

(2)目前激光打印机具有很高的解析度,能控制字符使之发生微小的位移,人眼对字间距、行间距的微小差别并不十分敏感,而扫描仪能够成功地检测到这一微小的位移。用扫描仪可以高分辨率地获得印刷品的图像,并通过适当的解码算法找到其中的隐匿标记。

(3)利用 ASCII 字符的显示特性,用那些在 CRT 上不显示出来的字符作为隐匿信息嵌入文件中,一般的文字处理器读不出这些信息,而利用特定的软件进行解码运算可以读出隐匿信息。

在 20 世纪 80 年代的英国,有过关于隐匿标记的一个典型应用实例。当时的英国首相玛格丽特·撒切尔夫人发现政府的机密文件屡屡被泄露出去,这使她大为光火。为了查出泄露机密文件的内阁大臣,她使用了上述这种利用文字间隔嵌入隐匿标记的方法,在发给不同人的文件中嵌入不同的隐匿标记,虽然表面看文件的内容是相同的,但字间距经过精心的编码处理,使得每一份文件中都隐藏着唯一的序列号,不久那个不忠的大臣就被发现并受到了应有的惩罚。

3. 数字水印

数字水印是指为了保护版权在数字视频内容中嵌入水印信号。如果制订某种标准,可以使数字视频播放机能够鉴别到水印,一旦发现在可写光盘上有"不许拷贝"的水印,表明这是一张经非法拷贝的光盘,因而拒绝播放。如果使用数字视频拷贝机检测水印信息,发现有"不许拷贝"的水印,就不去拷贝相应内容。对于一些需要严格控制数量和流通范围的数字媒体,可通过该技术在其中嵌入数字水印,加以控制。

关于数字水印,人们提出了各种经典的算法,主要应用在以下几个领域:

1）版权保护

版权保护又称著作权保护，目的在于控制版权如何使用，版权法的实质是一种控制作品使用的机制。中国因特网版权保护的关键是在促进网络发展和保护著作权所有人利益之间寻求平衡，当然现在这方面的立法还不完善。

随着信息数字化程度的提高，数字产品的版权纠纷问题层出不穷，例如1999年9月18日，北京市海淀区人民法院审理的王蒙等六作家状告"北京在线"网站侵权案。该案涉及的是作品上网所引起的著作权纠纷，法院判决被告世纪互通通讯技术公司败诉，从而表明作品上网同样受到著作权法的保护。密码加密技术虽然能在一定程度上保护信息的秘密性，比如对伪造和篡改程度进行定位的 RSA 密钥加密系统，但由于其本质是被动防御技术，如果被截获后，以现在计算机的运算能力，想要得到明文只是时间问题，这样长此以往，将会影响到版权人创作的积极性，如果非法截获人再将此运用于商业，还会紊乱市场经济秩序。因此数字水印技术的诞生成为了必然性。在法律程序上，数字水印能作为起诉侵权行为的证据。

2）保密通信

现实生活中，小到个人，大到国家都有很多隐秘信息需要被保护，比如个人的银行帐号、身份证号、身体健康报告，国家军事上的区域设防及最新研制等信息，但随着社会的发展，数据的交换已成为一种频繁的行为，如人与人之间的网络聊天内容，人们与 ATM 取款机的交互等，因此在这个过程中引发了数据通信中数据失密的问题，如日常生活中的信用卡密码被盗。近年来，国家和政府以及很多学术组织在信息的安全传输和存取方面投入了大量的精力，比如在传输数据时采用公钥数据加密标准 RSA 算法。

然而对数据的加密和可能导致数据的膨胀问题，例如通信领域的扩频通信，虽然安全性有所提高，但增加了传输所需的带宽，尤其对于拥有海量数据的图像文件。近年来，随着计算机硬件技术的发展，CPU 的处理速度和内存的容量都有了大幅度的提高，使得图像安全技术得到了快速发展。人们可以将隐私数据隐藏在图像载体下，由于图像具有较大的隐藏容量，因此隐藏前后的图像看上去基本无异，可以轻松的逃过非法拦截。

3）其他应用领域

在现实交易或电子商务中，买卖双方的诚信是最重要的，但不少人出于利益的关系变得不诚信，发出了信息或接收到了信息自己却不承认。数字水印技术可以有效的解决这个问题。在交易双方各自发出或接收的信息中嵌入具有自己特征标识的不可去水印，以达到确认行为的目的。

1983年 Simons 提出了经典的"囚犯问题"，此问题拉开了信息隐藏技术研究的序幕。

1996年5月国际第一届信息隐藏学术研讨会在英国剑桥大学的召开，标志着信息隐藏技术的研究走上了正轨，很多算法如雨后春笋般被人们提出来，比如最简单的LSB算法。这次会议主要对信息隐藏的学科分支有了一个明确的定位。现在已经开了数十届信息隐藏国际会议，这极大的促进了全球信息隐藏技术的发展。除此之外，很多国际著名的期刊、杂志、信息安全相关的国际会议也都刊登了信息隐藏技术方面的文章和专题。

目前国外有很多大学、机构和公司都在研究信息隐藏技术。剑桥大学（Cambridge）、麻省理工学院（MIT）、乔治梅森大学等都投入了大量财力、人力对信息隐藏的方法及不同隐藏载体的本质特征进行研究，比如在图像文件和音频文件中，隐藏信息就得采用侧重点不同的方法。NEe、IBM等公司侧重于研究数字水印在版权保护上的技术，并已推出了多款软件产品，国内比较有名的数字水印产品当属2002年上海阿须数码公司推出的一系列水印软件。

数字水印能够用于静态数字图像、数字音频、数字视频的版权保护，可以保护各种多媒体产品，为它们作上特殊标记。把一幅照片数字化后生成的数字图像，噪声部分约占全部信息5%～10%，由于嵌入的水印数据不易与原始信息数字化过程中引入的噪声区别开来，因此，嵌入处理的安全性很强。数字水印必须具有难以被破坏和伪造的特性，它能够唯一确定地表示数字产品的版权所有者。盗版者无法去除水印，水印具有在滤波、噪声干扰、裁剪和有失真压缩（如JPEG、MPEG)下的稳健性，因而能够抵御各种有意的攻击。

目前数字水印的应用还有好多，比如票据防伪方面：含有水印的数字票据经打印后仍然存在，需要时只需扫描为数字形式后提取便可；数据完整性方面：加入脆弱水印的数字信息一旦被攻击篡改，脆弱水印即被破坏；存储级别方面：将对数字信息存取权限的信息以水印的形式嵌入到数字信息中，从而达到存取控制；音乐中嵌入不可感知信号来证明所有权。

正因为数字水印在版权保护方面是一种很有前途的技术，对它的攻击也就不可避免。目前数字水印方面的工作是希望找到一种公钥密码体制的技术方法，任何人都可以鉴别，但只有版权所有者可以嵌入，与之相关的问题是要建立复杂的水印公证体系。

16.3 信息隐藏技术在保密通信中的应用

1. 数字签名中的阈下信道

阈下信道是一种典型的信息隐藏技术。阈下信道的概念是Gustavus JSimmons 于 1978 年在美国圣地亚国家实验室(Sandia National Labs)提出的,之后又做了大量的研究工作。阈下信道(又称潜信道)是指在公开信道中所建立的一种实现隐蔽通信的信道,这是一种隐蔽的信道。

经典密码体制中不存在阈下信道。分组密码(例如 DES 加密方案)中也不存在阈下信道,因为与明文块(长度为 64 bit)相对应的密文块(长度为 64 bit)的大小是相同的。如果存在阈下信道,则一个明文块要对应多个不同的密文块,而事实上在 DES 数据加密标准方案中明、密文块是一一对应的。大多数基于公钥体制的数字签名方案中,明文 m 与数字签名 $S(m)$ 不是一一对应的,这是由于会话密钥具有可选择性,从而对同一个消息可产生多个数字签名,但这并不影响对签名的验证,这就为阈下信道的存在提供了条件,阈下收方可以根据这些不同的数字签名获取公开收方无法得到的阈下信息。

研究表明,绝大多数数字签名方案都可包含阈下信道的通信,其最大特点是阈下信息包含于数字签名之中,但对数字签名和验证的过程无任何影响,这正是其隐蔽性所在。即使监视者知道要寻找的内容,也无法发现信道的使用和获取正在传送的阈下消息,因为阈下信道的特性决定了其安全保密性要么是无条件的,要么是计算上不可破的。

阈下信道在国家安全方面的应用价值很大。如果采用全球性标准,那么世界上任何地方的用户检查点都能即时检查出数字证件上的信息完整性,并能确定持证人是否是合法持证人。将来可以在数字签名的数字证件中建立阈下信道,把持证人是否为恐怖主义分子、毒品贩、走私犯或重罪犯等情况告诉发证国的海关人员,以及向金融机构、商业实体透露持证人的信用评价、支付史等情况,而检查公开信息的人是无法看到此类阈下信息的,持证人自己也无法获得和修改这些阈下信息。

2. Internet 上的匿名连接

在网络通信中,跟踪敌手的数据包、进行业务量分析和判断通信的双方的身份,也是收集谍报信息的一个重要来源。

采用隐匿通信的技术就是为了保护通信信道不被别人窃听和进行业务量分析,这种技术提供一种基于 TCP/IP 协议的匿名连接,从数据流中除去用户的标识信息。用该技术建立连接时,并不是直接连到目的机器的相应的数据库,而是通过多层代理服务器,层层传递后到达目的地址,每层路由器只能识别最临近的一层路由器,第一层路由器对本次连接进行多层加密,以后每经过一层路由器,除去一层加密,最后到达的是明文,这样每层路由器处理的数据都不同,使敌手无法跟踪。连接终止后,各层路由器清除信息。这种方式类似于地下工作者的单线联络,每个人只知道与前后哪两个人接头,而对自己所传的消息最初从哪儿来、最终到哪儿去一概不知。从应用的角度讲,比如网上购物,却不想让中途窃听者知道你买了什么东西,或者你访问某个站点,却不想让别人知道你是谁,就可以用这种技术。这种技术可用于有线电话网、卫星电话网等,它不但适用于军用,而且适用于商用,还可广泛用于 E—mail、Web 浏览、远程注册等。国外有报道说一名被通缉的恐怖分子利用这种匿名连接技术,借助 Internet 上的某个体育比赛聊天室和性爱话题 BBS 与别人秘密联络,情报部门的监听工作面临着严峻的考验。

近年来,随着网络犯罪活动案件的逐年增加,信息隐藏技术在政府情报部门查找犯罪线索方面扮演着重要的角色。

16.4 信息隐藏技术在 HACK 中的应用

当一个入侵者控制了远程主机后,经常会安装一个安全的后门用以将来与之保持联系。由于多数的管理员已经逐渐增强了系统安全意识,他们会用基本的网络命令或者借助一些第三方安全工具来诊断当前系统安全现状,当发现一个可疑的进程正运行在服务器的内存空间中时,便会使用端口-进程关联查看程序来观察这个可疑进程的动态正在做什么。

Transmitted via Carrier Pigeon. RFC 1149、2549 中定义过,高于 TCP 的协议,比如 HTTP、FTP、Telnet 等基于 TCP 的应用协议,将数据传给协议栈,TCP 将对其初始化之后并不直接送往 IP 层,而是将其送往目的地。信息经过 TCP 层直接送交到等待接收的应用程序中处理,这就是其交互原理,与 SSH 的技术很类似,都是基于这个理论实现的。

下面来介绍一下这个技术的实现方案。

1. ICMP 实现秘密隧道

在没有阻塞 ICMP 数据包的网络中,如可以简单地使用 ping 或者 tracert 来判断目标是否阻塞 ICMP,由于 ICMP 与端口完全无关,所以可以使用 ICMP 来携带用户的通信,这样管理员使用 netstat 或者进程-端口关联程序来诊断查不出异常。许多软件都能够实现这种技术,Loki 是最棒的一个,通常称它为"low—key",它被应用于 linux、bsd 等各类 unix 系统中,这个程序包括了客户端(Loki)和服务端(Lokid),黑客只需要在目标上种植下服务端,由于 ICMP 由操作系统直接处理,因此用户必须是 ROOT 级别的,否则安装无法完成命令格式:lokid-p-i-v l,然后在本地操作客户端的命令格式:loki-d﹡﹡﹡.﹡﹡﹡.﹡﹡﹡.﹡﹡﹡-p-i-v l-t 3。

如上操作可以达成足够隐秘的通信,只要未阻塞 ICMP 包,这个方法甚至可以穿透防火墙。当在客户端输入命令时,Loki 将命令包裹在 ICMP 包中,发送给服务端 Lokid,Lokid 拆开这些包,执行命令之后再将响应信息以同样的方式包裹进 ICMP 包内返回给客户端。

如图 16.1 所示,从管理员或者网络流量监测器角度看来,仅仅是发送了多次再简单不过的 ping 而已,压根也想不到 ICMP 包正在做着黑客的帮凶,不遗余力地传输着一条条指令,甚至黑客可以简单地设置使用 Blowfish 算法为这一切加密。不过许多防火墙默认设置就是阻塞 ICMP,一台 WEB 主机并不总是需要让浏览者不停地 ping 或者 tracert 。

图 16.1　ICMP 实现秘密隧道

2. HTTP 实现秘密隧道

出于安全需要,管理员不允许 ping 或者 tracert,这很合理,但是通常情况下没人阻止员工浏览网页,那么可以利用 HTTP,Reverse WWW Shell(国内未见翻译,暂且翻译反向 WWW SHELL)这个工具在技术上实现秘密隧道。

与 ICMP 实现非常类似的 Reverse WWW Shell 同样也有服务端和客户端,在目标上种植上 Reverse WWW Shell 服务端,并在本地机器上运行 Reverse WWW Shell 客户端,它将打开机器的 80 端口,Reverse WWW Shell 服务端每隔一段时间就会与计算机试图连接一次。

如图 16.2 所示,表面看上去像是内部人在访问主机,正常地浏览网页,隐秘性很高。

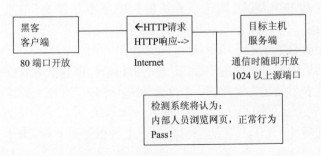

图 16.2　HTTP 实现秘密隧道

3. 其他协议实现

由于有的企业或者组织会设定 WEB 访问认证,内部员工只有给出正确的用户名和密码才能通过验证而访问 WWW 站点,也有的企业或者组织会设定仅仅允许员工访问可信任的几个站点,这样基于 HTTP 协议的秘密隧道技术将无用武之地。

基于 TCP/IP 协议的高层协议都满足构造秘密隧道的条件,那么可利用的还将有 SMTP,TELNET,HTTPS,SSH 等。原理基本都一样,只是在应用范围和一些技术细节上稍有不同,此处不再赘述。

4. 直接使用 TCP/IP 包头部传输数据

利用 TCP/IP 包头部传输数据不同于前面那些利用一种协议嵌入另一协议的方法,它在 TCP/IP 协议包中为了未来扩展需要而存在的许多空闲空间中填充数据。这个方法主要来自 CHRowland 的经典论文"Covert Channels in the TCP/IP Protocol Suite",CHRowland 也编制了一个工具来实现这个技术,这个工具的名称就是"Covert_TCP"。

Covert_TCP 支持在 IP identification、TCP sequence number、TCP acknowledgment number 这三段中填充数据。Covert_TCP 虽然也有服务端和客户端之分,但是它不是基于 CS 模式的,它的服务端和客户端是一样的,用参数指定使用 TCP/IP 包头的哪个段进行隐秘通信:

—ipid:使用 IP identification

该模式原理上十分简单,客户端将 ASCII 码直接放入 IP identification 段,每个包携带一个组,服务器端将其取出就可以。

-seq:使用 TCP sequence number

第一个 SYN 包携带第一个字符,它取代了 identification 位,因为它不能合法地建立起三次握手,服务端返回 RESET 包;客户端再次送出 SYN 包,它携带第二个字符;依此类推,并无任何一个完整的 TCP 三次握手,RESET 包可看作对每个 SYN 包的响应,因此这个方法虽然效率不是很高,但是亦有它可取之处。

-ack:使用 TCP acknowledgment number

如图 16.3 所示,直接使用 TCP/IP 包头部传输数据这个方式比较复杂,在攻击发起者和目标直接还需要用到一个作为"传输中间人"的 BOUNCE 服务器。

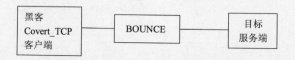

图 16.3 使用 TCP/IP 包头部传输数

步骤 1:客户端发送一个 SYN 包到 BOUNCE 服务器,源地址是目标服务器的地址,目的地址是 BOUNCE 服务器的地址,sequence number 用需要发送的数据的 ASCII 码替换掉。

步骤 2:BOUNCE 服务器收到该包后,若相应端口开放,返回 SYN/ACK 包;若相应端口关闭,返回 RESET,这都是 RFC 文档定义好的规则,也就是说无论端口开放与否,BOUNCE 服务器都将发送一个响应,而由于 SYN 包中的源地址是目的服务器的地址,所以 BOUNCE 服务器的响应包将发送给目的服务器,信息也随着数据包发送到目的服务器。

步骤 3:服务端将提取这些 ASCII 字符并将其写入文件。

显然这个办法是相当隐秘的,管理员几乎无从追踪这些数据包的来源,因为包的源地址显示来自 BOUNCE 服务器,这样发动传输的机器被很好地隐藏了,而使用 BOUNCE 服务器的方式甚至可以是分布式的。

16.5　本　章　小　结

Internet 上的保密通信和数字产品版权保护方面的强烈需求,已成为信息隐藏技术研究的强大推动力。一些用于信息隐藏和分析的软件也已商品化。今后,随着 Internet 的快速发展,信息隐藏技术将会更大范围地应用于民用与商用。

参 考 文 献

[1] 徐茂智,邹维. 信息安全概论[M]. 北京:人民邮电出版社,2010.

[2] 冯登国. PKI 技术及其发展现状[EB/OL]. http://www.nsc.org.cn/.

[3] 王曙. PKI 漫谈[EB/OL]. http://www.whizlabs.net/.

[4] 保证网络安全的认证技术[EB/OL]. http://tech.china.com/zh_cn/netschool/net/.

[5] 王平建,荆继武,等. 云存储中的访问控制技术研究[C]. 第 26 次全国计算机安全学术交流会论文集,2011.

[6] 王胜川. 基于云计算的存储技术研究[J]. 石油工业计算机应用,2011.

[7] 欧裕美. 网络信息安全和数字水印技术[J]. 长春师范学院学报,2011.

[8] 张青凤,张凤琴. 高级加密标准算法 Rijndael 的分析与应用[J]. 微型机与应用,2012.

[9] 张青凤. 基于数码锁的加密系统研究与实现[D]. 空军工程大学,2006.

[10] 张青凤,张凤琴. 基于 Rijndael 算法的研究与应用[J]. 山西大同大学学报,2012.

[11] 张青凤,景运革,杨玉丽. 基于校园网资源身份认证的研究与构想[J]. 网络安全技术与应用,2008.

[12] 张青凤,张凤琴. 基于 IDEA 算法的文件加密系统研究[J]. 软件导刊,2007.

[13] 张青凤,殷肖川,李长青. IDEA 算法及其编程实现[J]. 现代电子技术,2006.

[14] 张青凤,张凤琴. CryptoAPI 在基于数字证书的身份认证系统中的应用[J]. 现代计算机,2011.

[15] 蒋华. 基于数字证书的安全认证系统研究与实现[D]. 空军工程大学,2005.

[16] 李长青. 基于 eKey 的的终端防护系统设计与实现[D]. 空军工程大学,2006.

[17] 胡向东,魏琴芳. 应用密码学教程[M]. 北京:机械工业出版社,2005.

[18] 李果,柳毅. 面向云存储数据的四维安全防护系统[J]. 现代计算机,2011.